濒危与珍贵
木材鉴别

徐峰　主编

化学工业出版社

·北京·

内容简介

本书收录了国内及国际木材市场常见的100种濒危和珍贵木材。其中，《濒危野生动植物种国际贸易公约》（CITES）管制的树种22种，国家重点保护的野生植物树种27种，列入国家标准《红木》的树种19种。同时，还收录相似的珍贵木材近60种。

对于每种树种，介绍了其中文名称、拉丁学名、英文名称、商品名或别名、科属名称、树木性状及产地、珍贵等级、市场参考价格、木文化故事、木材宏观及微观构造特征、鉴别要点及相似树种的区别要点、主要材性及用途。每种木材附有木材标本实物照片、实体显微镜（宏观横切面）照片、横切面微观构造照片、弦切面微观构造照片、径切面（针叶树材）微观构造照片。

本书是木材鉴定人员、木材产品质量监督人员、木材检验检疫人员、木材经贸人员、木材加工人员的重要工具书，还可作为林业院校师生及木材鉴别爱好者的重要参考书。

图书在版编目（CIP）数据

濒危与珍贵木材鉴别/徐峰主编.—北京：化学工业
出版社，2021.11
ISBN 978-7-122-39863-5

Ⅰ.①濒…　Ⅱ.①徐…　Ⅲ.①木材识别—手册
Ⅳ.①S781.1-62

中国版本图书馆CIP数据核字（2021）第182058号

责任编辑：郑叶琳　　　　　　　装帧设计：张博轩
责任校对：宋　夏

出版发行：化学工业出版社(北京市东城区青年湖南街13号 邮政编码100011)
印　　装：涿州市殷润文化传播有限公司
710mm×1000mm 1/16 印张 $17\frac{3}{4}$ 字数 243 千字 2021 年 11 月北京第 1 版第 1 次印刷

购书咨询：010-64518888　　　　　售后服务：010-64518899
网　　址：http://www.cip.com.cn

定　　价：128.00元

编写人员名单

主　编

　　徐　峰（广西大学）

副主编

　　侯宝书（南宁市野生动植物保护站）

　　曾　奇（南宁市野生动植物保护站）

参编人员

　　李桂兰（广西壮族自治区产品质量检验研究院）

　　廖跃华（南宁市野生动植物保护站）

　　许彩娟（广西壮族自治区产品质量检验研究院）

　　张　雨（广西壮族自治区林业局）

　　陈　鸿（广东省木材行业协会）

主编简介

徐峰

男，广西大学教授；现任广西福摩斯价格评估有限公司董事长，广西大学林产品质量检测中心技术负责人；兼任中国（凭祥）边境自由贸易示范区"政府特聘专家"、广西壮族自治区产品质量检验研究院技术顾问、广东省江门市新汇红木检测有限公司首席顾问、国家木材检测联盟技术顾问、中国木材与木制品流通协会专家委员、中国林产工业协会红木分会专家组成员、广西红木文化研究会首席顾问、广西红木家具协会首席顾问。

从事木材科学技术工作五十余年，曾荣获广西高等学校教学名师称号、全国红木行业特别贡献者称号，是享受国务院政府特殊津贴专家，是国内著名的木材鉴别专家，被媒体及同行誉为木材鉴定行业的"福尔摩斯"。

主持制定国家标准GB/T 29894—2013《木材鉴别方法通则》。作为主要起草人制（修）定的国家标准有：GB/T 18107—2017《红木》；GB 28010—2011《红木家具通用技术条件》；GB/T 32768—2016《拉丁美洲热带木材树种鉴定图谱》；GB/T 32769—2016《非洲热带木材树种鉴定图谱》；GSB 16-2141—2007《进口木材国家标准样照》；GB/T 20446—2006《木线条》。

出版专著10余部，代表作有：《木材鉴定图谱》（主编），《热带亚热带优良珍贵木材彩色图鉴》（主编），《红木与名贵硬木家具用材鉴赏》（主编），《广西主要树种木材基础材性》（主编），《木材材积速查手册》（主编），《木材比较鉴定图谱》（主编），《红木与名贵硬木家具用材鉴赏（第二版）》（主编），《海南木三香》（合著），《濒危和珍贵热带木材识别图鉴》（副主编），《中国及东南亚商用木材1000种构造图象CD～ROM查询系统》（主研发）。

出版高校教材10多种，代表作有：《木材检验理论与技术》（主编），《木材检验基础知识》（主编），《木材学实验教程》（主编），《木材检验技术》（主编），《木材竹材识别与检验》（副主编），《木材学》（副主编），《木结构材料学》（副主编）。

入选多种名人录：2001年入选广西壮族自治区人事厅的《八桂英才谱》；2008年入选中国大百科全书出版社的《广西大百科全书》（当代人物卷）；2008年入选化学工业出版社的《科技之光》（优秀科技作家）；2008年入选中国未来研究会的《中国学者》；2011年入选中国文联出版社的《中国博学聚萃》。

副主编简介

侯宝书　　　　　男，高级工程师。主要从事林业工作，长期在林业基层一线从事野生动植物保护工作。主持（参与）省（部）级科技项目6项，市（厅）级科技项目8项，均已通过验收和批准实施。其中2项获自治区党委、政府表彰，2项获广西壮族自治区林业区划优秀成果一等奖和广西壮族自治区林业科技进步一等奖。在省级以上专业期刊独著发表论文2篇。

曾奇　　　　　　男，林业工程师。主要从事林业工作，长期在林业基层一线从事野生动植物保护工作。参与省（部）级科技项目5项，市（厅）级科技项目11项，均已通过验收和批准实施。在省级以上专业期刊独著发表论文2篇。

前言

　　濒危植物是指如果不加以限制或禁止采伐与贸易，就有灭绝危险的珍贵稀有物种。

　　本书收录了国内及国际木材市场常见的100种濒危和珍贵木材。其中，CITES管制的树种22种，国家重点保护的野生植物树种27种，列入国家标准《红木》的树种19种。同时，还收录与上述100种相似的珍贵木材近60种。详细介绍了这些树种的中文名称、拉丁学名、英文名称、商品名称、科属名称、树木性状、主要产地、珍贵等级、市场参考价格、树木文化、木材宏观及微观构造特征、鉴别要点及相似树种的区别要点、主要材性及用途。每种木材均附有木材标本实物照片、实体显微镜（宏观横切面）照片、横切面显微构造照片、弦切面显微构造照片、径切面（仅针叶树材）显微构造照片。

　　本书有如下创新之处：

　　（1）引入1～2个相似树种，除了描述相似树种的构造特征外，重点提示与相似树种的区别要点，为准确鉴别木材提供重要参考。

　　（2）提供珍贵等级及市场参考价格，为木材监管执法机关立案侦查、价格评估机构定价、法院量刑定罪提供重要参考。

　　（3）编辑一个木文化故事，既能提高木材鉴别的速度，又能提高本书的可读性，使读者感受木文化之美妙，从而激发广大读者对濒危和珍贵木材的爱护与保护。

为提高濒危和珍贵木材保护与鉴别的能力，南宁市野生动植物保护站委托广西福摩斯价格评估有限公司将研究成果编写成本书。由广西福摩斯价格评估有限公司董事长徐峰教授担任主编，南宁市野生动植物保护站负责对书稿进行审核与修改补充。本书还得到广西壮族自治区崇左市人社局和广西壮族自治区凭祥市多家红木家具企业的大力支持。在此，向支持本书出版的单位及有关人员表示衷心的感谢！

由于笔者水平有限，疏漏之处在所难免，敬请广大读者批评指正。

编者

2021 年 1 月

目录

1

木材鉴别
基础知识

1.1　濒危与保护植物

　　木材来源于种子植物的乔、灌木树种，乔、灌木的茎干部分就是通常所说的木材。据统计，全球种子植物多达20万种以上，我国约有3万种，其中木本植物约7 500种，乔木约2 500种。

　　濒危植物是指如果不加以限制或禁止采伐与贸易，就有灭绝危险的珍贵稀有物种。根据生物多样性保护要求，国际和国内对于珍稀濒危物种的保护均制定有相关条约或法律法规。

1.1.1　《濒危野生动植物种国际贸易公约》监管植物

　　《濒危野生动植物种国际贸易公约》（CITES）于1973年3月3日在华盛顿签订，也称"华盛顿公约"，1975年7月1日生效。我国于1981年4月8日作为第63个成员正式加入CITES。现有近200个缔约方。

　　缔约方大会是CITES的最高决策机构，每二至三年召开一次，与会者包括各缔约方代表、CITES秘书处、联合国环境规划署的代表，以及经三分之二成员赞成作为观察员的非政府组织代表。主要讨论CITES执行中的重大问题，如检查、审核CITES的执行情况，讨论修订CITES附录Ⅰ、附录Ⅱ物种名单，讨论秘书处或任一缔约方的报告或提案等。最近一次缔约方大会，也就是第18届缔约方大会于2019年8月17日在瑞士日内瓦召开，中国生物多样性保护与绿色发展基金会派代表团前往参会。本书记述的濒危植物来自2019年11月26日生效的CITES附录Ⅰ、附录Ⅱ、附录Ⅲ版本。

　　附录Ⅰ包括所有受到和可能受到贸易的影响而有灭绝危险的物种。禁止商业性国际贸易，严格限制非商业性国际贸易。我国国家标准GB/T 18107《红木》中的巴西黑黄檀（*Dalbergia nigra*）被列为CITES附录Ⅰ物种。由于市场很少见到，故本书未予记述。

　　附录Ⅱ包括所有那些目前虽未濒临灭绝，但如对其贸易不严加管理，以防止不利其生存的利用，就可能变成有灭绝危险的物种。严格限制附录Ⅱ物种的商业性及非商业性国际贸易。例如，本书提到的红豆杉、檀香紫檀、染料紫檀、刺猬紫檀、降香黄檀、刀状黑黄檀、阔叶黄檀、卢氏黑黄檀、东非黑黄檀、伯利兹黄檀、交趾黄檀、微凹黄檀、巴里黄檀、奥氏黄檀、沉香、萨米维腊木、大美木豆、多穗阔变豆、特氏古夷苏木属于CITES附录Ⅱ监管物种。

附录Ⅲ包括任一缔约方认为属其管辖范围内，应进行管理以防止或限制开发利用而需要其他缔约方合作控制贸易的物种。在提案方严格限制其商业性及非商业性贸易，而其他缔约方仅需要出具原产地证明书即可进出口。本书的红松、水曲柳、柞木（蒙古栎）属于CITES附录Ⅲ监管物种。

进口或出口任何一种列入CITES附录Ⅰ、附录Ⅱ、附录Ⅲ的野生动植物或者其产品，必须出具由进口方或出口方CITES管理机构签发的CITES许可证或证明书。

1.1.2 国家重点保护野生植物

长期以来，由于自然和人为的原因，致使许多具有重要科学或经济价值的植物遭到严重破坏。据估计，在我国近30 000种高等植物中，至少3 000种处于受威胁或濒临灭绝的境地。我国十分重视珍稀濒危植物的保护工作。早在1987年，国家环境保护局等七个单位编著了《中国珍稀濒危保护植物名录》（第一册），将我国388种（类）珍稀濒危植物划分成三个保护级别。1992年，《中国植物红皮书——稀有濒危植物》第一册正式出版。1996年9月30日，国务院令第204号发布《中华人民共和国野生植物保护条例》，自1997年1月1日起施行；该条例于2017年10月7日进行修改。1999年8月4日，经国务院批准，原国家林业局、农业部令第4号发布《国家重点保护野生植物名录（第一批）》。2021年8月7日，经国务院批准，国家林业和草原局、农业农村部发布2021年第15号公告，公布施行《国家重点保护野生植物名录》；同时，《国家重点保护野生植物名录（第一批）》自公告发布之日起废止。这次公布的《国家重点保护野生植物名录》是对《国家重点保护野生植物名录（第一批）》的修改。修改后的《国家重点保护野生植物名录》，保护野生植物科的数目由第一批的92科增至147科；属的数目由第一批的191属增至330属；一级重点保护野生植物的种数由第一批的51种（类）增至58种（类）；二级重点保护野生植物的种数由第一批的203种（类）增至437种（类）。

国家一级重点保护野生植物可分为三类。一类为资源十分匮乏的珍稀物种，比如本书所载的红豆杉、银杏（野生种源）、海南坡垒。二类为活化石的子遗物种，比如本书所载的银杉、水松、水杉。三类为濒临灭绝的单种属或单种科植物。

国家二级重点保护野生植物，属于渐危物种，能进行人工繁殖，可以限量开发利用。本书所载的红松、黄杉、椴树、降香黄檀、刀状黑黄檀、沉香、水曲柳、红椿、海南子京、金花茶、格木、楠木、蚬木、荔枝、龙眼、鹅掌楸等属于国家二级重点保护野生植物。

1.2　植物分类

如前所述，木材来源于种子植物。所有植物都有其各自的名称。一种植物在这个地方叫一个名称，而在另一个地方又叫另一个名称，或者在同一个地方也有多种叫法，这种现象叫同物异名现象。例如本书所载的檀香紫檀，在《红木》国家标准中木材名称叫紫檀木，而市场上称之为小叶紫檀。另一种情况，如本书所载的柞木，北方称的柞木是壳斗科栎属的蒙古栎（*Quercus mongolica*），而南方称的柞木则是大风子科柞木属的柞木（*Xylosma cyngestum*），这种现象属于同名异物现象。因此，我们必须掌握一定的植物分类学知识，才能更加准确地鉴别木材。

1.2.1　植物分类的单位

植物分类常用的单位是界、门、纲、目、科、属、种七级。"界"是植物分类的最高单位，"种"是最基本的分类单位。"种"是指具有相似的形态特征，表现一定的生物学特性，要求一定的生存条件，能够产生遗传性相似的后代，并在自然界中占有一定分布区的无数个体的总和。现以桢

濒危与珍贵
木材鉴别

楠为例说明如下。

界 Regnum　植物界 Plantae

门 Divisio　种子植物门 Spermatophyta

纲 Classis　双子叶植物纲 Dicotyledones

目 Ordo　樟目 Laurales

科 Familia　樟科 Lauraceae

属 Genus　楠属 *Phoebe*

种 Species　桢楠 *Phoebe zhennan*

亲缘相近的种集合为属，亲缘相近的属集合成科，亲缘相近的科集合成目，亲缘相近的目集合成纲，依此类推集合成门、界。

1.2.2　植物分类系统

在瑞典植物学家林奈（Carlvon Linne）全面阐述双名法之前，植物分类法只是采取某些容易辨别的特征，作为分类的依据。只求识别和检索的便利，不考究植物体的基本构造以及彼此之间的亲缘关系，这些分类法称为人为分类法。我国晋朝稽含著的《南方草木状》和明代李时珍著的《本草纲目》就是初期的植物分类法。

自1859年达尔文的《物种起源》发表后，植物分类学家们得到很大的启发，他们于是在形态学、比较解剖学、古生物学等基础上探索植物种类间的亲缘关系，纷纷提出各种新的自然分类系统。迄今为止已有20多位学者发表了各自的分类系统，但有关植物演化的知识和证据不足，目前尚没有一个为大家公认的完整的分类系统。下面仅介绍我国比较通用的三个植物分类系统。

裸子植物分类系统是由我国著名树木分类学家郑万钧教授于1978年发表的。该系统为我国学者所广泛采用，在国际上也有较大影响。

该系统将裸子植物门（Gymnospermae）分成四个纲，苏铁纲（Cycadopsida）、银杏纲（Ginkgopsida）、松杉纲（Coniferopsida）、买麻藤纲（Gnetopsida）；九个目，苏铁目（Cycadales）、银杏目（Ginkgoales）、松杉目（Pinales）、罗汉松目（Podocarpales）、三尖杉

目（Cephalotaxales）、红豆杉目（Taxales）、麻黄目（Ephedrales）、买麻藤目（Gnetales）、千岁兰目（Welwitschialese）；十二个科，苏铁科（Cycadaceae）、银杏科（Ginkgoaceae）、南洋杉科（Araucariaceae）、松科（Pinaceae）、杉科（Taxodiaceae）、柏科（Cupressaceae）、罗汉松科（Podocarpaceae）、三尖杉科（Cephalotaxaceae）、红豆杉科（Taxaceae）、麻黄科（Ephedraceae）、买麻藤科（Gnetaceae）、千岁兰科（Welwitschiaceae）。裸子植物门的苏铁纲为蕨类植物，买麻藤纲为草本植物。所以，本书仅介绍银杏纲和松杉纲的树木。

我国通用的被子植物分类系统主要是恩格勒分类系统和哈钦松分类系统。

恩格勒分类系统是德国著名植物学家恩格勒（A. Engler）和柏兰特（R. Prantl）于1897年在《植物自然分科志》一书中发表的，是分类学史上第一个比较完整的自然分类系统。恩格勒分类系统是根据假花说的原理，认为无花被的柔荑花序类植物胡桃科、杨柳科、壳斗科、木麻黄科是被子植物中最原始的类型，而木兰科、毛莨科等是较进化的类型。恩格勒系统目与科的范围较大，本书中的苏木科、蝶形花科、含羞草科在恩格勒分类系统中被归为豆科。在我国长江以北各地区，多数植物研究机构标本馆和出版的分类学著作中，被子植物各科多按恩格勒分类系统排列。

哈钦松分类系统是英国植物学家哈钦松（Hutchinson）于1926年和1934年先后出版的两卷《有花植物科志》中提出的一个与恩格勒分类系统完全相对立的被子植物分类系统。哈钦松分类系统赞成真花学说，认为两性花比单性花原始，离瓣花较合瓣花原始。为此把木兰目、毛莨目归为被子植物最原始类群，而把柔荑花序类植物的胡桃科、壳斗科、木麻黄科归为较进化的类群。哈钦松分类系统目与科的范围较小，本书中的苏木科、蝶形花科、含羞草科均属于科一级的分类单位。在我国长江以南各地区，多数植物研究机构标本馆和出版的分类学著作中，被子植物各科多按哈钦松分类系统排列。

1.2.3 植物的命名

1753年，林奈提倡用双名法来对植物进行命名。后来双名法经过国际植物学会议的公认，并制定了命名与分类的法规。

按《国际植物命名法规》，植物的学名由两个词组成，第一个词是属名，一般是名词；第二个词是种名，一般是形容词，形容该植物的主要特征。规定属名的第一个字母要大写，种名的第一个字母要小写。一个完整的植物学名还要有命名人姓氏。例如本书所载的银杏拉丁名为 *Ginkgo biloba* L.，L.是命名人林奈的姓氏缩写。

如果是变种，则由三个词组成，即在种名后加上变种词 var.。例如本书所载的火力楠拉丁名为 *Michelia macclurei* var. *sublanea*，变种词 var. 要正体书写。

在木材及木制品国际贸易合同中，必须使用植物拉丁名对木材及木制品的树种名称加以约定。

1.2.4 木材的标准名称

木材标准名称是指通过标准化的形式所规定的木材名称。关于木材名称方面的标准，我国已经发布国家标准3项、行业标准2项。

1.2.4.1 中华人民共和国国家标准GB/T 16734—1997《中国主要木材名称》

该标准规定了380类木材名称的中文名和英文名。380类木材名称是由907个木材树种归纳而来，把材性和用途相近的木材树种归为同一类木材名称。各类木材名称所包含的树种名称有中文名、拉丁名和别名。该标准还列出各类木材所属的植物科名，列出各个木材树种的产地。该标准是命名国产木材的科学依据与法律依据。

1.2.4.2 中华人民共和国国家标准GB/T 18513—2001《中国主要进口木材名称》

该标准将来自世界各地的隶属84科366属1010个木材树种归纳为423类木材名称。该标准的木材名称只规定中文名，树种名称则规定中文名和拉丁名。该标准除了列出各类木材所属的植物科名和主要产地外，还给出各类木材的国外商品材名称，给出各类木材的材色及密度等鉴别特征，方便木材鉴定人员鉴别该类木材。该标准是命名进口木材的科学依据与法律依据。

1.2.4.3　中华人民共和国国家标准GB/T 18107《红木》

该标准于2000年首次发布，标准编号GB/T 18107—2000；2017年进行第一次修订，标准编号GB/T 18107—2017。该标准将红木定义为紫檀属、黄檀属、柿属、崖豆属和决明属树种的心材，其密度、结构和材色（以在大气中变深的材色）符合该标准规定的必备条件的木材。共分八大类。该标准规定的八大类红木名称并非植物分类学上的树种名称，而是约定俗成的名称。

标准划分的八大类红木分别为紫檀木、花梨木、香枝木、黑酸枝木、红酸枝木、乌木、条纹乌木、鸡翅木。紫檀木类仅1种，即本书中的檀香紫檀。花梨木类5种，本书中的大果紫檀、刺猬紫檀和印度紫檀属于花梨木类。香枝木类仅降香黄檀1种。黑酸枝木类7种，本书中的刀状黑黄檀、阔叶黄檀、卢氏黑黄檀、东非黑黄檀、伯利兹黄檀属于黑酸枝木类。红酸枝木类7种，本书中的交趾黄檀、微凹黄檀、巴里黄檀、奥氏黄檀属于红酸枝木类。乌木类2种，本书仅载乌木1种。条纹乌木类3种，本书仅载苏拉威西乌木1种。鸡翅木类3种，本书中的非洲崖豆木、白花崖豆木、铁刀木属于鸡翅木类。这八类红木分别隶属紫檀属、黄檀属、柿属、崖豆属和决明属。除柿属隶属于柿科外，其余各属隶属于豆科。

该标准除了规定各类木材及各个树种的中文名和拉丁名外，还给出各类及各种木材的构造特征和木材三切面构造图，是一项真正能用于鉴别木材树种的国家标准。该标准是鉴别红木树种的科学依据与法律依据。

1.2.4.4　中华人民共和国物资管理行业标准WB/T 1038—2008《中国主要木材流通商品名称》

该标准按科学性与实用性相结合的原则，根据树木科属种的分类方法，将目前我国木材市场上流通的419种国产木材或进口木材归纳成343

类木材名称。其中，国产针叶树材11类15种，国产阔叶树材77类93种；进口针叶树材8类12种，进口阔叶树材247类299种。

该标准除了列出各类木材所属的植物科名和产地外，还给出各类木材的国外商品英文名及国内流通商品中文名，给出各类木材的材色及气干密度等鉴别特征，方便木材鉴定人员鉴别该类木材。该标准可作为对进口木材及常见国产木材命名的科学依据与法律依据。

1.2.4.5 中华人民共和国轻工行业标准QB/T 2385—2018《深色名贵硬木家具》

名贵木材泛指能满足高档家具或特种用途需要的木材。轻工行业标准QB/T 2385《深色名贵硬木家具》中规定，深色名贵硬木是指产于热带及亚热带地区，心边材区别明显，多为散孔材或半环孔材，花纹美丽，颜色较深，耐腐抗虫，材质硬、密度大的一类商品木材。

该标准将目前深色名贵硬木家具常见用材101个树种，归纳成46类木材。木材名称仅提供中文名，木材树种提供中文名、拉丁名、英文商品名，各类木材所属的植物科名包含中文名和拉丁名。

该标准中的树种包括前述的红木树种，以及一些珍稀保护树种木材。本书中的帕利印茄、木果缅茄、甘巴豆、阔荜摘亚木、木荚豆、长叶鹊肾树、毛榄仁、黑木黄蕊、紫油木、柚木、胶漆树、檀香木、黄杨木、蚬木、金丝李、小叶红豆、龙眼、荔枝等属于名贵木材。

该标准一大特点是蝶形花科、苏木科、含羞草科的木材树种占80%，基本上包括了这三个科市场上最常见的商品木材。所以，该标准可作为对深色名贵硬木家具木材命名的科学依据与法律依据。

1.2.5 木材价格分类

木材价格分类根据木材资源稀缺或丰富程度、木材材质优良程度、木材利用价值高低、木材生产成本等因素来确定。一般将木材分为六大类：特类木材、一类木材、二类木材、三类木材、四类木材和五类木材。

从木材利用来说，资源非常稀少，不一定木材价格就很高。例如，本书中的水松、水杉，虽然被列为国家一级重点保护野生植物，但木材市场价格每立方米不到2 500元，属于二类木材。东非黑黄檀木材密度与硬度均是名列各种木材之首的，但由于其出材率很低，所以，其木材价格长期徘徊在每吨1万元左右。

1.2.5.1　特类木材

特类木材是指木材资源极稀少，材质极优良，木材利用价值极高，木材价格极高（每立方米或每吨单价超过1.5万元）的木材。基本上是濒危物种或红木树种。

本书中的银杉、红豆杉、檀香紫檀、染料紫檀、大果紫檀、降香黄檀、刀状黑黄檀、阔叶黄檀、卢氏黑黄檀、伯利兹黄檀、交趾黄檀、微凹黄檀、巴里黄檀、奥氏黄檀、乌木、苏拉威西乌木、白花崖豆木、沉香、檀香木、黄杨木、蚬木、金丝李、格木、楠木、海南坡垒等属于特类木材。

1.2.5.2　一类木材

一类木材是指木材资源较稀少，材质较优良，木材利用价值较高，木材价格很高（每立方米或每吨单价0.51万元至1.5万元）的木材。多数为珍贵木材或珍稀保护树种。

本书中的银杏、红松、黄杉、福建柏、圆柏、榧树、非洲紫檀、刺猬紫檀、印度紫檀、东非黑黄檀、非洲崖豆木、斯图崖豆木、金花茶、龙眼、荔枝、细子龙、鹅掌楸、火力楠、萨米维腊木、紫油木、黄连木、柚木、水曲柳、椰榆、榉树、柞木、桑树、香樟、黑胡桃、山核桃、水青冈、海南子京、铁力木、母生、胶漆树、黑木黄蕊、大美木豆、多穗阔变豆、马达加斯加铁木豆、光亮杂色豆、小叶红豆、苏木、帕利印茄、特氏古夷苏木、甘巴豆、木荚豆、加蓬圆盘豆、长叶鹊肾树、饱食桑、毛榄仁、非洲螺穗木、坤甸铁樟木、翼红铁木等属于一类木材。

1.2.5.3　二类木材

二类木材是指木材资源较少，材质优良，木材利用价值较高，木材价格较高（每立方米或每吨单价0.21万元至0.5万元）的木材，市场上稍紧缺。

本书中的贝壳杉、南洋杉、水松、水杉、陆均松、穗花杉、铁刀木、南美蚁木、香椿、红椿、檫木、红锥、二齿铁线子、木果缅茄、阔萼摘亚木、成对古夷苏木、可乐豆、台湾相思、风车木、橡胶木、红娑罗双、芳味冰片香等属于二类木材。

三类木材、四类木材和五类木材由于资源较多、材质一般或较次，达不到珍贵木材要求，所以本书不予介绍。

1.3　木材鉴别特征

要正确鉴别木材，首先要掌握木材的构造特征，目的在于揭示树种间木材构造的共性和相异性，以达到深刻认识、鉴别木材的本质。对于木材鉴别来说，木材构造特征包括宏观特征、微观特征和物理特征。

1.3.1　木材三切面

1.3.1.1　横切面

横切面是与树干主轴或木材纹理成垂直的切面，即树干的端面或横断面。在横切面上，年轮（生长轮）呈同心圆环状，木射线呈辐射线状，是鉴别木材最重要的切面。

在横切面上，针叶树材的鉴别特征有年轮明显度、早材至晚材的变化、轴向树脂道、轴向薄壁组织等；阔叶树材的鉴别特征有管孔类型（环孔材、半环孔材、散孔材、辐射孔材）、轴向薄壁组织类型（星散状、星散-聚合状、网状、环管束状、翼状、聚翼状、带状）、木射线宽窄、轴向树脂道或树胶道等。

1.3.1.2　径切面

径切面是顺着树干主轴方向，通过髓心（树心）或与木射线平行或与年轮相垂直的纵切面。在径切面上，年轮线呈纵向相互平行，木射线呈横向平行线（片）状，能显露其长度和高度。

在径切面上，针叶树材的射线管胞类型、交叉场纹孔类型、螺纹加厚等特征最明显，所以径切面也是鉴别针叶树材最重要的切面；阔叶树材的鉴别特征仅有导管分子穿孔，管间纹孔式明显，所以对鉴别阔叶树材来说，径切面帮助不大。

1.3.1.3 弦切面

弦切面是顺着树干主轴或木材纹理方向，不通过髓心或与年轮平行或与木射线成垂直的纵切面。在弦切面上，年轮呈抛物线状，木射线呈纺锤形，能显露其高度和宽度。

在弦切面上，针叶树材的鉴别特征有木射线类型（单列射线、纺锤形射线）、径向树脂道、螺纹加厚等；阔叶树材的鉴别特征有木射线叠生与否、射线宽度与高度、射线组织类型、径向树胶道或乳汁管、导管分子穿孔类型、管间纹孔式、油细胞或黏液细胞等。所以，弦切面是鉴别阔叶树材最重要的切面。

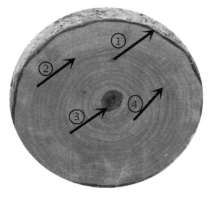
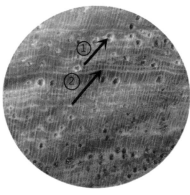

左
降香黄檀
原木端面横切面
①树皮②边材
③心材④年轮

右
降香黄檀
宏观横切面
①管孔②薄壁组织

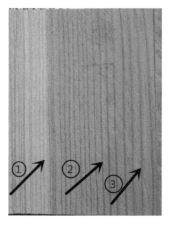
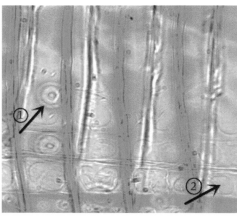

左
红松
径切板面
①边材②心材
③年轮线

右
红松
微观径切面
①管胞壁具缘纹孔
②交叉场纹孔

濒危与珍贵
木材鉴别

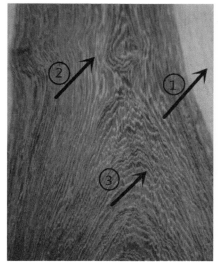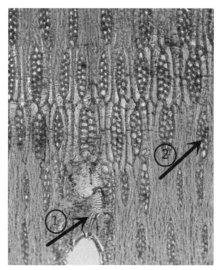

左
刀状黑黄檀
弦切板面
①边材②心材
③年轮线

右
刀状黑黄檀
微观弦切面
①导管
②木射线

1.3.2　针叶树材主要鉴别特征

年轮　在木材横切面上呈同心圆环状的木质层称为年轮，也称生长轮。一般针叶树材和阔叶环孔材的年轮分界比较明显。靠年轮内侧为早材，年轮外侧为晚材。早材至晚材变化分缓变（银杏、贝壳杉、南洋杉、红松、水松、水杉、福建柏、圆柏、陆均松、穗花杉、红豆杉、榧树）和急变（银杉、黄杉）。

树脂道　针叶树材中分泌树脂的细胞间隙称为树脂道，也称胞间道。在横切面看到的为轴向树脂道，弦切面看到的为径向树脂道。本书中具有正常树脂道的树种为银杉、黄杉、红松。

螺纹加厚　针叶树材管胞壁或阔叶树材导管壁条纹呈螺纹线状加厚。本书中的银杉、黄杉、红豆杉的螺纹加厚为典型的螺纹状，穗花杉和榧树的螺纹加厚则成对排列。

交叉场纹孔　在针叶树材径切面上早材管胞与射线薄壁细胞相交叉的平面称为交叉场，交叉场上的纹孔称为交叉场纹孔。有窗格状（红松）、柏木型（银杏、圆柏、福建柏、穗花杉、贝壳杉、南洋杉、陆均松、红豆杉、榧树）、杉木型（水松、水杉）、云杉型（银杉、黄杉、陆均松）、松木型。

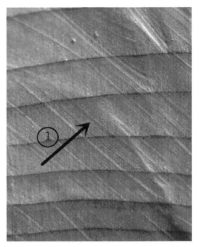

左
红豆杉
宏观横切面
①早材至晚材缓变

右
黄杉
宏观横切面
①早材至晚材急变

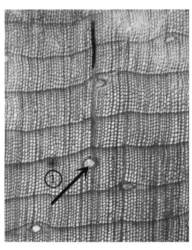
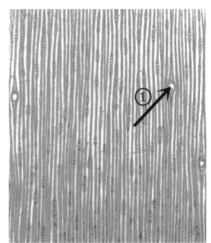

左
红松
微观横切面
①轴向树脂道

右
红松
微观弦切面
①径向树脂道

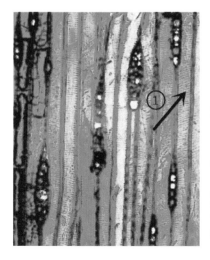
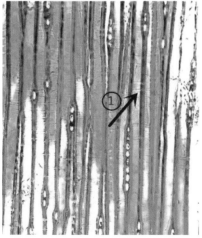

左
黄杉
微观弦切面
①螺纹加厚

右
穗花杉
微观弦切面
①螺纹加厚成对

濒危与珍贵
木材鉴别

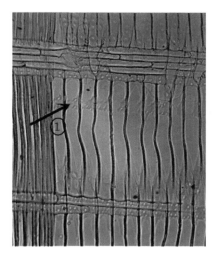
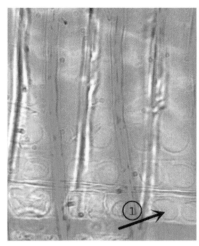

左
福建柏
微观弦切面
①柏木型交叉场纹孔

右
红松
微观弦切面
①窗格状交叉场纹孔

1.3.3　阔叶树材主要鉴别特征

散孔材　在一个年轮内，管孔单个或2～3个、大小近一致、均匀分布者称散孔材。本书中大多数树种均属于散孔材。

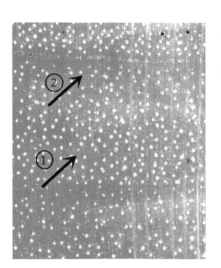
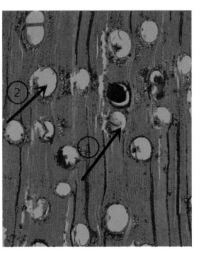

左
黄杨
微观横切面
①散孔材
②管孔小

右
加蓬圆盘豆
微观横切面
①散孔材
②管孔大

环孔材　在一个年轮内，早材管孔比晚材管孔大得多，而且沿年轮线整齐排列者称环孔材。早材管孔一至数列。本书中的黄连木、柚木、水曲柳、榔榆、榉树、柞木、桑树、香椿、红椿、檫木属于环孔材。根据早材至晚材管孔大小的变化，晚材管孔分缓变（柚木、香椿、红椿、檫木）和急变（黄连木、水曲柳、榔榆、榉树、柞木、桑树）。

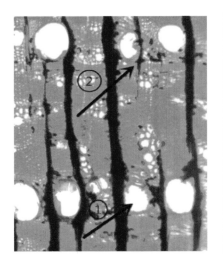
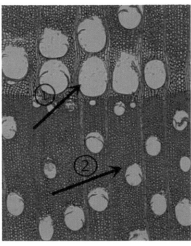

左
黄连木
微观横切面
①环孔材
②早材管孔1列，
晚材管孔急变

右
柚木
微观横切面
①环孔材
②早材管孔2～3
列，晚材管孔缓变

半环孔材　在一个年轮内，早材管孔与晚材管孔大小略有差异，而且沿年轮线连续或松散排列者称半环孔材。早材管孔列数不明显。本书中的香樟、黑胡桃、山核桃、红锥、水青冈属于半环孔材。

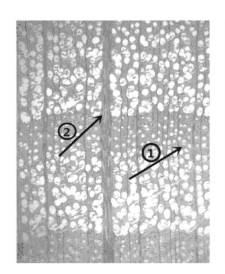
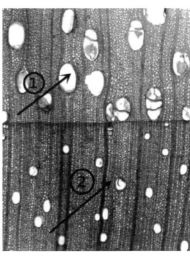

左
水青冈
微观横切面
①半环孔材
②具宽窄两种射线

右
黑胡桃
微观横切面
①半环孔材
②早材至晚材管孔缓变

辐射孔材与花彩孔材　在横切面上管孔3个以上呈径向排列或斜列者称辐射孔材。本书中的铁线子、海南子京属于辐射孔材。如果管孔呈不规则的网状排列则称为花彩孔材。本书中的维腊木可列为辐射孔材，也可列为花彩孔材。

濒危与珍贵
木材鉴别

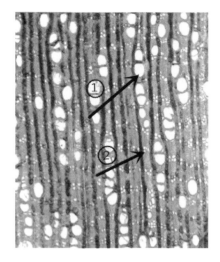
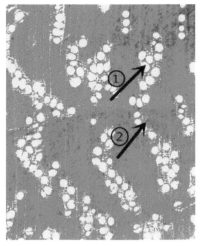

左
铁线子
微观横切面
①辐射孔材
②薄壁组织离管带状

右
维腊木
微观横切面
①花彩孔材
②薄壁组织环管状

星散-聚合状薄壁组织　在横切面上，薄壁组织呈星散或连成断续窄带状称为星散-聚合状薄壁组织。本书中的圆柏、微凹黄檀属于这种类型。

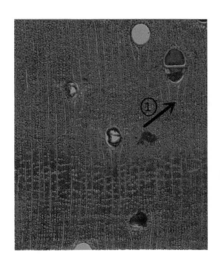
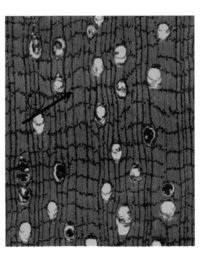

左
微凹黄檀
微观横切面
①薄壁组织星散-
聚合状

右
苏拉威西乌木
微观横切面
①薄壁组织网状

网状薄壁组织　在横切面上，薄壁组织带的距离与木射线之间的距离等宽，形成网眼的结构称为网状薄壁组织。本书中的巴里黄檀、奥氏黄檀、乌木、苏拉威西乌木、摘亚木、橡胶树、非洲螺穗木属于这种类型。

轮界状薄壁组织　在横切面上，薄壁组织带沿年轮界分布，有一至数条，称为轮界状薄壁组织。本书中的鹅掌楸、火力楠、格木、苏木、印茄、缅茄、古夷苏木、甘巴豆属于这种类型。

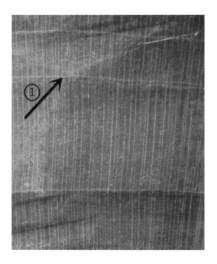
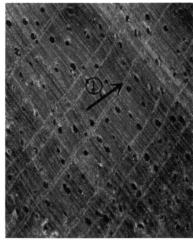

左
火力楠
宏观横切面
①薄壁组织轮界状

右
胶漆树
宏观横切面
①薄壁组织轮界状

翼状、聚翼状薄壁组织 管孔周围的薄壁组织向一侧或两侧延伸形似眼状者称为翼状薄壁组织。如果翼状薄壁组织翼尖相互连接，则称为聚翼状薄壁组织。本书中的紫檀木、花梨木、香枝木、黑酸枝木、红酸枝木、阔变豆、小叶红豆、格木、苏木、印茄、缅茄、古夷苏木、甘巴豆、加蓬圆盘豆、长叶鹊肾树、饱食桑、毛榄仁等具翼状、聚翼状薄壁组织。

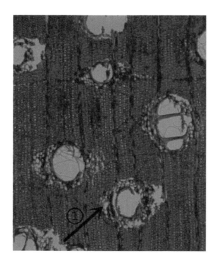
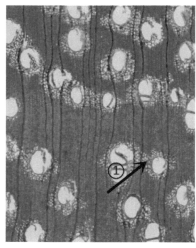

左
印茄
微观横切面
①薄壁组织翼状

右
格木
微观横切面
①薄壁组织聚翼状

带状薄壁组织 有些木材的薄壁组织连成带状分布。按薄壁组织与管孔连生与否可分为离管带状和傍管带状。本书中的翼红铁木为离管带状，其他树种的带状薄壁组织均为傍管带状。按薄壁组织带的宽度，可分

濒危与珍贵
木材鉴别

为窄带状（薄壁组织带宽1～2细胞）、带状（薄壁组织带宽2～4细胞）、宽带状（薄壁组织带宽5细胞或以上）。本书中具宽带状薄壁组织的树种有非洲崖豆木、白花崖豆木、斯图崖豆木、铁刀木、刀状黑黄檀。

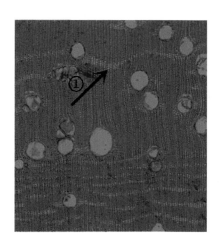
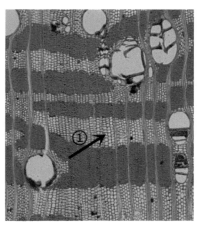

树胶　横切面上管孔腔内或纵切面导管槽中的深色内含物称为树胶。本书中树胶丰富的树种有可乐豆、长叶鹊肾树、檀香紫檀、染料紫檀、非洲紫檀、卢氏黑黄檀、东非黑黄檀、苏拉威斯乌木、铁刀木、黑木黄蕊、光亮杂色豆、加蓬圆盘豆、风车木、毛榄仁、翼红铁木。

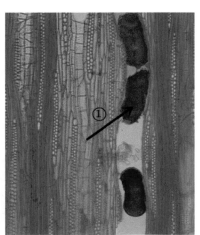

侵填体　横切面上管孔腔内或纵切面导管槽中的不规则物体称为侵填体，是由导管周围的薄壁细胞在生长时，经过纹孔口进入导管腔内而形

成的。本书中具丰富侵填体的树种有坤甸铁樟木、饱食桑、黑木黄蕊。

油细胞或黏液细胞　指的是薄壁组织中含油或黏液的异细胞。本书中具油细胞或黏液细胞的树种有檫木、香樟、坤甸铁樟木、楠木、火力楠、鹅掌楸等。

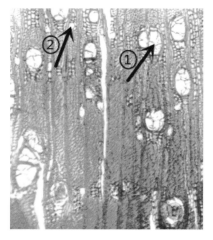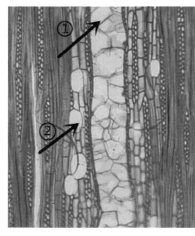

左
坤甸铁樟木
微观横切面
①导管侵填体
②油细胞

右
坤甸铁樟木
微观弦切面
①导管侵填体
②油细胞

树胶道　阔叶树材中分泌树胶的细胞间隙称为树胶道，也称胞间道。在横切面看到的为轴向树胶道，弦切面看到的为径向树胶道。但是，轴向树胶道和径向树胶道不会同时出现在同一种木材中。本书中具轴向树胶道的树种有海南坡垒、红娑罗双、冰片香，具径向树胶道的树种有紫油木、黄连木、胶漆树。

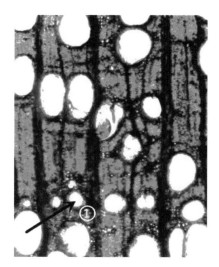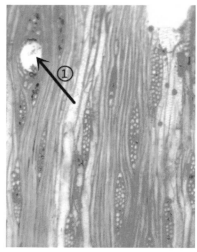

左
冰片香
微观横切面
①轴向树胶道

右
黄连木
微观弦切面
①径向树胶道

濒危与珍贵
木材鉴别

内含韧皮部 某些阔叶树材木质部中出现的韧皮束或韧皮层称为内含韧皮部。本书中具内含韧皮部的树种仅沉香。

左
沉香
宏观横切面
①内含韧皮部

右
沉香
微观横切面
①内含韧皮部

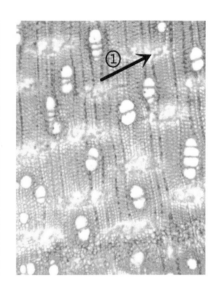

木射线叠生 弦切面上木射线呈水平方向整齐排列的情况称叠生。本书中具叠生木射线的树种有紫檀木类、花梨木类、香枝木类、黑酸枝木类、红酸枝木类、鸡翅木类、南美蚁木、维腊木、大美木豆、阔变豆、马达加斯加铁木豆、小叶红豆、摘亚木等。

左
檀香紫檀
微观弦切面
①射线叠生
②单列射线

右
奥氏黄檀
微观弦切面
①射线叠生
②2～3列射线

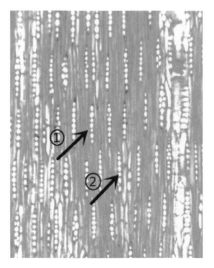
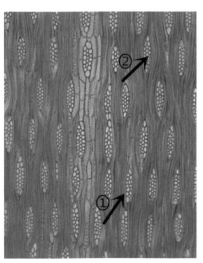

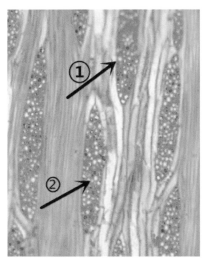
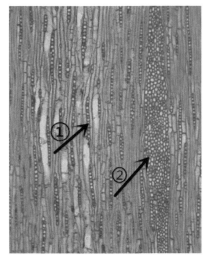

左
榔榆
微观弦切面
①射线非叠生
②多列射线

右
柞木
微观弦切面
①射线非叠生
②具单列和多列两种射线

射线组织 射线组织分同形和异形两种。同形射线组织指射线全部由横卧射线细胞组成；本书中多数树种的射线组织多为同形射线组织。异形射线组织指射线由方形或直立射线细胞和横卧射线细胞共同组成，本书中具异形射线组织的树种有铁力木、橡胶木、风车木、饱食桑、长叶鹊肾树、古夷苏木、马达加斯加铁木豆、黑木黄蕊、胶漆树、母生、海南子京、铁丝子、黑胡桃、香樟、檫木、红椿、香椿、紫油木、萨米维腊木、火力楠、鹅掌楸、金花茶、金丝李、蚬木、檀香木、沉香、苏拉威斯乌木、乌木、奥氏黄檀等。

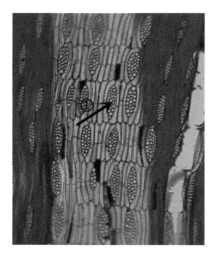
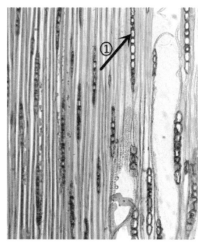

左
非洲崖豆木
微观弦切面
①射线组织同形多列

右
铁力木
微观弦切面
①射线组织异形单列

濒危与珍贵
木材鉴别

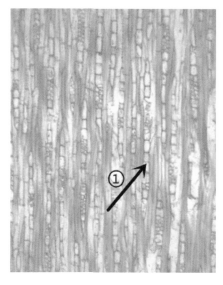
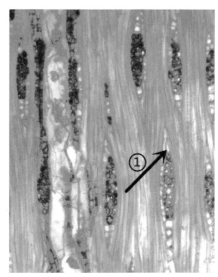

管间纹孔式 管间纹孔式指导管与导管之间的纹孔排列方式，可分为梯列、对列和互列。

管间纹孔式梯列是指导管壁纹孔为长圆形，纹孔长度与导管的直径几乎相等，并与导管的长轴呈垂直排列。如本书中的火力楠。

管间纹孔式对列是指导管壁方形或长方形纹孔呈上下左右对称排列。如本书中的鹅掌楸。

管间纹孔式互列是指导管壁圆形或多角形纹孔呈上下左右交错的排列。本书中多数树种的管间纹孔式均属于互列纹孔。

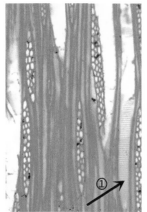
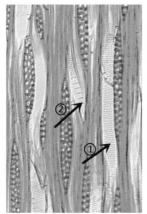
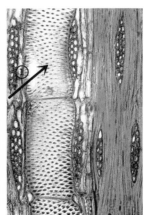

1.4　木材鉴别方法与技巧

1.4.1　木材鉴别设备与工具

1.4.1.1　木材取样工具

　　木材取样工具主要有生长锥、木工锯、木工凿、手电钻、斧头、刀片。生长锥、手电钻、木工凿主要用于木质家具及工艺品的取样。木工锯及斧头主要用于原木、锯材及人造板的取样。

左
生长锥

右
手电钻

1.4.1.2　木材制片设备、器具及药品

　　（1）主要设备：木材切片机、切片刀、磨刀机，需要向专业生产厂家或经销公司购买。

　　（2）主要器具：水浴锅、电炉，培养皿、解剖针、镊子、毛笔，载玻片、盖玻片等。此类器具在五金百货店可以买到。

　　（3）主要药品：酒精、甘油、铁矾、番红、丁香油、TO透明剂、二甲苯、中性树胶。药品在化工商店可以买到。

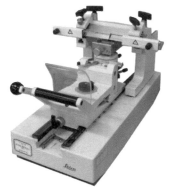

左
平推式切片机

右
水浴锅

濒危与珍贵
木材鉴别

左
番红

中
TO透明剂

右
中性树胶

1.4.1.3　木材特征拍摄与观察用设备

此类设备包括用于宏观鉴别的放大镜和用于微观鉴别的光学显微镜、电子显微镜、微型计算机等。

（1）专业鉴别人员主要使用数码体视显微镜、数码生物显微镜，需要向专业生产厂家或经销公司购买。

（2）非专业鉴别人员使用放大镜、手持显微镜，在五金商店或文化用品商店可以买到。

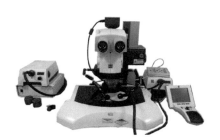

数码体视显微照相系统

数码生物显微照相系统

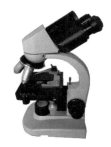

生物显微镜

手持放大镜

手持放大镜

手机用放大镜

手机用放大镜　　　　　　　手持显微镜　　　　　　　手持显微镜

1.4.1.4　木材鉴别结果检索工具

检索表、穿孔卡片、模式标本、木材识别的各种参考资料及数据库系统应用软件。

所谓模式标本，就是经过正确定名的标本，它相当于工厂生产的"产品样本"，应注意搜集和积累。采集一套某地区所产木材的模式标本，建立标本档案馆，对于教学、科研、木材鉴别均具有极为重要的现实意义。一般制作成长12～15cm、宽6～8cm、厚1.5～2cm的光面长方体。这类标本最好带有树皮，要求不含缺陷。心边材区别明显的树种标本应同时具备心材与边材，窄面贴上标签，标注产地、中文名称、拉丁文名称等内容，条件许可时应与树木蜡叶标本配套。相关文献资料对鉴定结果的顺利得出起着至关重要的作用，已经出版的相关专著很多，如全国木材志、地方木材志、木材标准、进口木材的文献资料等，既有木材识别特征的记载，也有区域性的木材检索表。

1.4.2　木材切片

木材切片的操作方法有两种。

（1）专业鉴定人员切片法。

①试样软化：材质轻软的木材直接水煮软化，一般水煮至试样下沉为止。如果材质重硬，可采用酒精-甘油软化法、双氧水-冰醋酸软化法将其软化。

②切片：先将试样紧旋在切片机的试样夹中，接着调整切片厚度，左手握滑动轮手柄，右手用毛笔接片并置于盛有蒸馏水的培养皿中。

濒危与珍贵
木材鉴别

③ 制片：先将切片用番红溶液染成红色，水洗后用不同浓度的酒精进行脱水处理，然后用TO透明剂或二甲苯对切片进行透明处理，最后将切片放置在载玻片上，盖上盖玻片，中性树胶固封，贴上标签，阴干或低温烘干即可观察。

试样夹紧在切片机中

切片操作

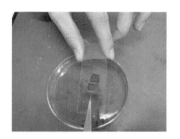

封片

永久玻片

（2）非专业鉴定人员切片法（徒手切片法）。

① 试样制备与试样软化方法：与专业鉴定人员切片法相同，甚至可以不经软化处理直接切片。

② 徒手切片：用单面刀片代替切片机。切片时右手握刀片，刀口向内；左手握标本，刀片于拟切部位自左上向右下拖动，一气呵成，并将切片置于盛有蒸馏水的培养皿中。

③ 染色、脱水、透明处理：与专业鉴定人员制片法相同，甚至可以不经染色、脱水、透明处理直接封片观察。

④ 临时封片：取载玻片1片，并在其中央位置滴上甘油或清水1滴，用镊子将切片放置到滴有甘油或清水的位置上，盖上盖玻片即可观察。如果要制成永久切片，则用中性树脂封片，贴上标签，并阴干或低温烘干即可。

徒手切片操作

1.4.3　木材鉴别技巧

　　木材鉴别前应做好以下几项工作：一是弄清鉴别目的与要求；二是尽可能弄清木材试样来源于哪些国家或地区；三是要求送检者在来样上签字（一般情况下不需要，当涉及刑事案件或民事纠纷案件则是必不可少的）。这些工作不仅可以减少走弯路，还可以在对鉴定结果产生意见分歧时有据可查。

1.4.3.1　现场鉴别技巧

　　现场鉴别一般对试样的形状要求不严，而是根据实际情况，尽可能观察到所能体现的木材宏观构造特征。具体操作是将木材横切面削平后，利用放大镜观察管孔类型、轴向薄壁组织类型、木射线宽窄、树脂道或树胶道有无等构造特征。同时还要注意年轮明显度、早材至晚材变化、树皮、材表、材色、气味等特征。现场鉴别木材，要求鉴定人员有扎实的木材鉴别基础和丰富的实践经验。

1.4.3.2　实验室鉴别技巧

　　（1）实验室鉴别的试样，需要是能切出标准的木材三个切面的健全材。为了满足切片要求，试样长宽高尺寸均应大于20mm。

　　（2）实验室鉴别主要是微观鉴别，首先按照木材切片操作方法将木材样品制作成木材三切面切片。要求木材的各种微观构造特征都能清晰地表现出来。

濒危与珍贵
木材鉴别

（3）在全面观察、描述该样品木材宏观和微观构造特征的基础上，找准该木材最主要和最显著的构造特征。

（4）按木材类别进行查找。

① 针叶树材：根据树脂道有无、早材至晚材的变化、射线列数、交叉场纹孔类型、管胞壁有无螺纹加厚等特征，按最显著特征到一般特征，通过检索工具依次查出木材类别或木材树种名称。

② 阔叶树材：按管孔类型、穿孔类型、管间纹孔式、轴向薄壁组织类型、射线叠生与否、射线列数、射线组织类型、树胶道有无、导管内含物等特征，通过检索工具依次查出木材类别或木材树种名称。

1.4.3.3　木材鉴别的结果判定

根据木材构造特征，通过检索工具依次查出木材类别或木材树种名称后，只要条件许可，还应将鉴别结果与模式标本进行对照。如果鉴别结果与模式标本特征一致或基本一致，即可确认鉴别结果正确无误。

2/

濒危和珍贵
木材鉴别各论

　　每种木材按下列顺序描述：中文名称、拉丁学名、英文名称、商品名或别名、科属名称、树木性状及产地、珍贵等级、市场参考价格、木文化、木材宏观特征、木材微观特征、鉴别要点与相似树种、材性及用途。

　　每种木材均附有木材标本实物照片（数码相机拍摄），木材横切面实体显微镜照片（放大5倍），木材横切面显微构造照片（放大20倍），木材弦切面显微构造照片（放大50倍），木材径切面（仅针叶树材）显微构造照片（放大100倍）。

2.1 银杏 *Ginkgo biloba* L.

英文名称 Maidenhair-Tree。

商品名或别名 公孙树，白果树，鸭脚树，白果。

科属名称 银杏科，银杏属。

树木性状及产地 落叶大乔木。贵州福泉的一株银杏树，树龄大约 5 000～6 000年，树高50m，胸径4.79m。2001年载入上海吉尼斯世界纪录，被誉为世界最粗大的银杏树。

银杏最早出现于3.45亿年前的石炭纪，中生代侏罗纪时期曾广泛分布于北半球的欧洲、亚洲、美洲。大约50万年前，地球发生了第四纪冰川运动，欧洲、北美和亚洲绝大部分地区的绝大多数银杏类植物濒于绝种；只有中国部分地区自然条件优越，银杏才奇迹般地保存下来。所以，银杏被科学家称为"活化石"植物、中国特有树种。

根据相关专家考证，在我国浙江天目山，湖北大洪山、神农架，江苏邳州，山东临沂，广西桂林灵川、兴安，云南腾冲等偏僻山区，发现自然繁衍的古银杏种群，所以上述地区被认为是银杏植物的原产地。目前日本、朝鲜、韩国、加拿大、新西兰、澳大利亚、美国、法国、俄罗斯等国家均有大量引种栽培。在我国，除新疆、青海、宁夏等少数省区外，全国各地均有栽培。

珍贵等级 国家一级重点保护野生植物（野生种源）；一类木材。

市场参考价格 5 500～7 000元/m³。

木文化 银杏为单种科植物，即银杏科仅有银杏属（*Ginkgo*）1属、银杏1种。每到秋季，银杏裸露的胚珠发育成球状黄色种子，极像杏，由此称为银杏。因其种皮白色，又叫"白果"。明代李时珍记载：银杏原生江南，叶似鸭掌，故又得名鸭脚树。

木材宏观特征 针叶树材。心边材区别略明显，心材较大，黄褐或红褐色；边材浅黄褐或带浅红褐色。生长轮略明显。早材至晚材缓变。木材纹理直，结构细而均匀。

木材微观特征　横切面早材管胞不规则多边形，晚材管胞长方形、多边形。弦切面木射线单列，高1～6细胞。射线细胞内含晶簇。径切面轴向管胞具缘纹孔1～2列；轴向薄壁组织常具纵向分室大形薄壁细胞（异细胞），内含特大晶簇。交叉场纹孔柏木型，稀杉木型，多数2～4个。

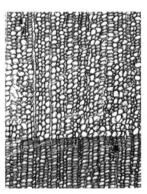

鉴别要点与相似树种

（1）鉴别要点：年轮分界不明显或略明显。横切面上管胞形状不规则。轴向薄壁组织星散状，通常为纵向分室大形薄壁细胞（异细胞），内含特大晶簇，在三个切面上均可见，这是银杏木材的最大特点。

（2）相似树种：竹叶松 *Podocarpus neriifolius* D. Don。

罗汉松科罗汉松属。国家二级重点保护野生植物。心边材区别不明显，材色浅黄褐至黄红褐色。轴向薄壁组织星散状及切线状。交叉场纹孔柏木型及云杉型。木材构造特征与银杏十分相似，但无晶簇。

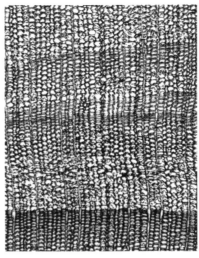

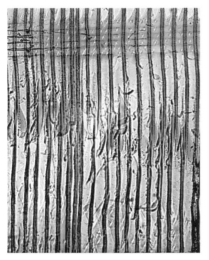
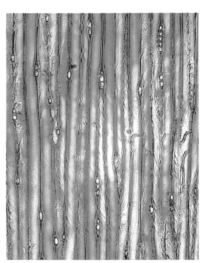

材性及用途 气干密度0.51～0.56g/cm³。硬度小，干缩小，强度低，冲击韧性中。干燥容易，耐腐性强。宜用于雕刻，或制作绘图板、仪器盒、X射线机滤线板、纺织印染滚筒、网球拍柄、风琴键盘等。

因银杏枝条平直，树冠呈较规整的圆锥形，大量种植的银杏林在视觉效果上具有整体美感。银杏叶在秋季会变成金黄色，在秋季低角度阳光的照射下十分美观，具有很高的观赏价值。常被摄影者用作背景。银杏种子熟食有补肺、止咳、利尿等功效。

2.2 贝壳杉 *Agathis dammara* L. C. Rich.

英文名称 Agathis。

商品名或别名 南洋扁柏，南洋桂树，卡里松，血龙木。

科属名称 南洋杉科，贝壳杉属。

树木性状及产地 常绿大乔木，树高达50m，胸径达4.5m，树干通直圆满，第一个分枝便高达18m。原产马来半岛和南太平洋地区。我国厦门、福州等地引种栽培。

珍贵等级 二类木材。

市场参考价格 2 200～3 000元/m³。

木文化 贝壳杉树是世界上最古老的树种之一，也是全球第二大树木，仅次于美国红杉，寿命长达2 000多年，产地群众称其为森林之王（Tane Mahuta）。树干内含丰富的树脂，板面能够透过光线，市场上称血龙木。

木材宏观特征 针叶树材。心边材区别略明显，心材黄褐至红褐色，内含丰富树脂；边材黄白色、浅黄褐色。生长轮略明显。早材至晚材缓变。木材纹理直，结构细而均匀。

左
贝壳杉
宏观横切面

右
贝壳杉
实木

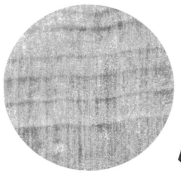

木材微观特征 横切面早材管胞多边形、方形、长方形，晚材管胞长方形、长圆形。轴向薄壁组织星散状。弦切面木射线单列，多数高3～10细胞。径切面轴向管胞具缘纹孔1～2列，俨如阔叶树材导管壁上的具缘纹孔，称之为南洋杉型具缘纹孔。交叉场纹孔柏木型，3～5个。

鉴别要点与相似树种

（1）鉴别要点：木材内含丰富的树脂，板面油性十足、能够透过光线。管胞壁具缘纹孔1～2列，南洋杉型具缘纹孔。交叉场纹孔柏木型，3～5个。

（2）相似树种：南洋杉 *Araucaria cunninghamii* Ait.。

南洋杉科南洋杉属。心边材区别不明显，木材淡黄褐色至黄褐色。生长轮略明显。早材至晚材缓变。径切面轴向管胞具缘纹孔1～2列；交叉场纹孔柏木型。与贝壳杉的区别是径切面轴向管胞壁具缘纹孔1列为主。木材板面不能透光。

濒危与珍贵
木材鉴别

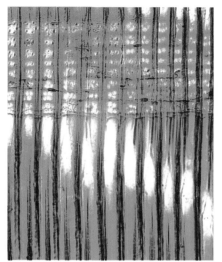
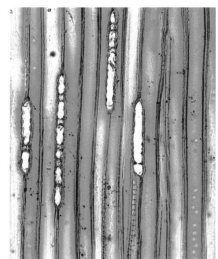

材性及用途　气干密度0.43～0.47g/cm³。加工容易，切面光滑，旋切性能极好，胶黏性及油漆性佳。木材可供大型桶具、缸、木制机械、船具、建筑施工、连接用木构件、细木工家具、油脂容器、搅拌器和模板制作。树干含有丰富的树脂，为著名的达麦拉树脂，在工业上及医药上有广泛用途。

2.3　南洋杉 *Araucaria cunninghamii* Ait.

英文名称　Klinki Pine。

商品名或别名　鳞叶南洋杉，肯氏南洋杉，南洋木。

科属名称　南洋杉科，南洋杉属。

树木性状及产地　常绿大乔木，在原产地树高达60～70m，胸径达1.5m。原产大洋洲东南沿海地区。在我国广东、福建、台湾、海南、云南、广西等省区用于庭院或露地美化栽培。

珍贵等级　二类木材。

市场参考价格　2 200～3 000元/m³。

木文化　南洋杉树形高大，树形为尖塔形，姿态优美，枝叶茂盛。南洋杉与雪松、日本金松、金钱松、北美黄杉合称为世界五大公园树种。

南洋杉还可作为室内盆栽装饰物，能够吸收室内空气中的二氧化碳，调节室内空气的湿度，是一个强大的室内"加湿器"。

木材宏观特征　针叶树材。心边材区别不明显，木材淡黄褐色至黄褐色。生长轮略明显。早材至晚材缓变。木材纹理直，结构细而均匀。

木材微观特征　横切面早材管胞方形、多边形，晚材管胞长方形及多边形。轴向薄壁组织个别偶见。弦切面木射线单列，多数高5～13细胞。射线细胞椭圆形。径切面轴向管胞具缘纹孔1～2列；交叉场纹孔柏木型，2～5个。

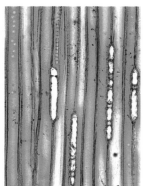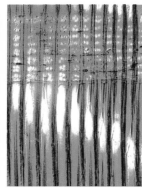

鉴别要点与相似树种

（1）鉴别要点：心边材区别不明显，木材淡黄褐色至黄褐色。早材至晚材缓变。径切面轴向管胞具缘纹孔1～2列；交叉场纹孔柏木型，2～5个。

（2）相似树种：诺克福南洋杉 *Araucaria bidwillii*。

南洋杉科南洋杉属。心边材区别不明显，木材淡黄褐色至黄褐色。早材至晚材缓变。径切面轴向管胞具缘纹孔1列；交叉场纹孔柏木型，2～5个。与南洋杉极为相似。

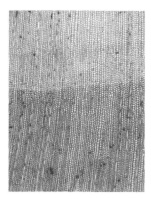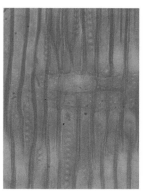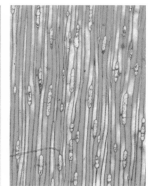

材性及用途 气干密度0.45～0.55g/cm³。硬度、强度、干缩均中等。干燥缓慢，加工容易，不耐腐。宜用于制作扶梯、商场设施、家具、火柴杆等。南洋杉最宜独植为园林风景树或纪念树，亦可作为行道树。

2.4 银杉 *Cathaya argyrophylla* Chun et Kuang

英文名称 Cathay Silver Fir。

商品名或别名 无市场流通。

科属名称 松科，银杉属。

树木性状及产地 常绿乔木，树高达20m，胸径达50cm。分布于广西龙胜县、金秀县，湖南资兴、桂东、雷县及城步县，重庆金佛山与武隆区，贵州道真县、桐梓县。

珍贵等级 国家一级重点保护野生植物；特类木材。

市场参考价格 无市场流通。

木文化 银杉于新生代第三纪时，曾广布于北半球的美洲、欧洲和亚洲大陆，大约距今200万～300万年，第四纪冰川期后，欧洲和北美地区的绝大多数银杉植物濒于绝种。只有我国部分地区自然条件优越，才使得银杉被奇迹般地保存了下来。目前全球银杉植物仅有2 000余株。所以，人们给银杉冠以"活化石植物""植物大熊猫""华夏森林瑰宝""林海珍珠"等美称。湖南省城步苗族自治县保险公司还专门为该县境内分布的银杉办了火灾保险。广西龙胜县花坪和重庆金佛山分别建立了以保护银杉为主的自然保护区。这凸显了银杉是我国特有的世界珍稀物种、植物界的"国宝"。

木材宏观特征 针叶树材。心边材区别明显，心材浅红褐色或红褐色；边材浅黄褐色。生长轮明显，早材至晚材缓变。木射线甚细至略细，放大镜下明显。轴向薄壁组织不可见。横切面上轴向树脂道在放大镜下明显，单独分布，极少弦向成对。木材纹理略斜，结构中。

左
银杉
宏观横切面

右
银杉
实木

木材微观特征 早材管胞横切面为方形、长方形及多边形。晚材管胞横切面为方形、长方形。螺纹加厚甚明显，均匀分布于早晚材管胞内壁上，水平排列。轴向薄壁组织星散状，散布于晚材带或年轮线上。具单列射线和纺锤形射线两类木射线；单列射线高3～8细胞；纺锤形射线具径向树脂道1～2个。射线管胞存在于两类木射线的上下缘，内壁通常无锯齿。交叉场纹孔云杉型，稀柏木型，通常2～3个。

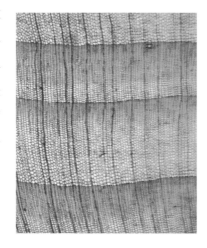

银杉
微观横切面

濒危与珍贵
木材鉴别

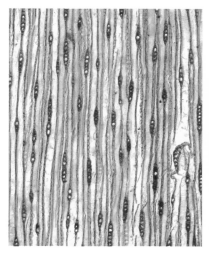
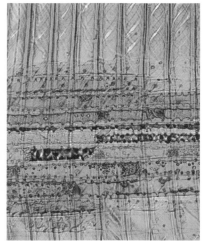

左
银杉
微观弦切面

右
银杉
微观径切面

（1）鉴别要点：螺纹加厚甚明显，均匀分布于早晚材管胞内壁上，水平排列。轴向薄壁组织星散状、星散-轮界状。具轴向树脂道和径向树脂道。交叉场纹孔云杉型，稀柏木型。

（2）相似树种：北美黄杉 *Pseudotsuga menziesii* Franco。

松科黄杉属。心边材区别略明显，心材橘黄色至红褐色。管胞壁螺纹加厚甚明显，略倾斜。具单列和纺锤形两类木射线，纺锤射线具径向树脂道。交叉场纹孔云杉型及杉木型。与银杉的相同特征是管胞壁螺纹加厚明显，均有轴向和径向树脂道，交叉场纹孔以云杉型为主。

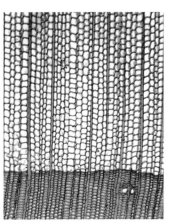

左
北美黄杉
宏观横切面

右
北美黄杉
微观横切面

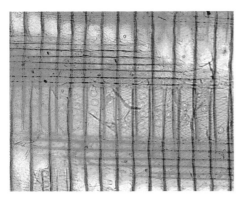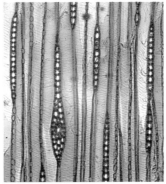

左
北美黄杉
微观径切面

右
北美黄杉
微观弦切面

材性及用途　气干密度0.70～0.75g/cm³。由于银杉为极其稀缺的濒危物种，全球仅存约2 000株，禁止银杉的采伐利用。所以，本书不再对银杉的材性和用途进行介绍。

2.5　红松 *Pinus koraiensis Sieb*. et Zucc.

英文名称　Korean Pine。

商品名或别名　果松，海松，韩松，红果松，朝鲜松，新罗松，东北松。

科属名称　松科，松属。

树木性状及产地　常绿大乔木，树高达50m，胸径达1m。主产我国黑龙江省和吉林省。俄罗斯、朝鲜、韩国、日本等国也有分布。

珍贵等级　CITES附录Ⅲ监管物种；国家二级重点保护野生植物；一类木材。

市场参考价格　4 500～6 000元/m³。

木文化　红松的松子，粒大且味美，富含蛋白质、碳水化合物、脂肪等物质。松子还是重要的中药，久食健身心，滋润皮肤，延年益寿，被誉为"长生果""长寿果"。

木材宏观特征　针叶树材。心边材区别明显，心材红褐色；边材浅黄褐至黄褐色带红。年轮略明显，甚窄。早材至晚材缓变。横切面上轴向树脂道肉眼下呈浅色斑点状，数量多，单独排列。木材纹理直，结构细而均匀。

濒危与珍贵
木材鉴别

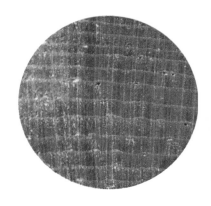

木材微观特征　横切面早材管胞方形及多边形，晚材管胞长方形、多边形。轴向树脂道单个，散布于晚材带中。弦切面木射线具单列和纺锤形两类；单列射线高1～15（多为3～8）细胞；纺锤射线具径向树脂道，树脂道上下方射线细胞2～3列，两端尖削而成单列，高3～12细胞。径切面轴向管胞具缘纹孔1列；交叉场纹孔窗格状或偶见松木型，1～2个。

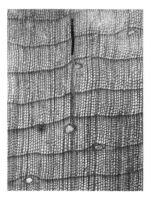

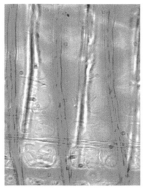

鉴别要点与技巧

（1）鉴别要点：具单列和纺锤形两类射线。具轴向和径向树脂道。交叉场纹孔窗格状或偶见松木型，1～2个。射线管胞内壁平滑或微锯齿。

（2）相似树种：樟子松*Pinus sylvestris* var. *mongolica* Litv.。

松科松属。心边材区别明显，心材红褐色。生长轮甚明显。早材至晚材急变。具单列和纺锤形两类木射线；纺锤射线具径向树脂道。交叉场纹孔窗格状，1～2个。与红松区别是早材至晚材急变；射线管胞内壁具深锯齿。

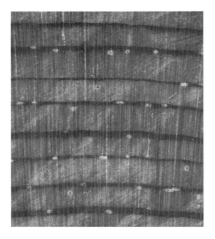
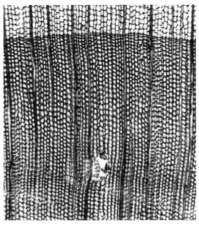

左
樟子松
宏观横切面

右
樟子松
微观横切面

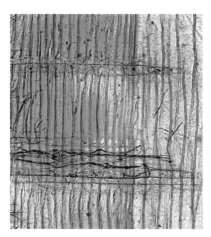
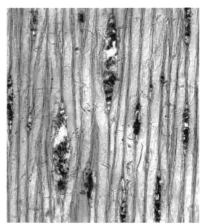

左
樟子松
微观径切面

右
樟子松
微观弦切面

材性及用途 气干密度0.42～0.46g/cm³。硬度小，强度低，干缩小至中，冲击韧性中。易干燥，木材耐腐。宜用于室内装修、军工品包装箱、绘图板、风琴键盘、中高档家具等。

2.6 黄杉 *Pseudotsuga sinensis* Dode

英文名称 Chinese Douglas Fir。

濒危与珍贵
木材鉴别

商品名或别名 狗尾松，天松，红杉，黄帝杉，短片花旗松。

科属名称 松科，黄杉属。

树木性状及产地 常绿大乔木，树高达35m，胸径达50cm。主产云南、贵州、四川、广西、湖北、湖南等省区。

珍贵等级 国家二级重点保护野生植物；我国特有树种；一类木材。

市场参考价格 4 000～5 500元/m³。

木文化 分布在广西、贵州的黄杉，多生长在高山或石山的悬崖陡壁上，一般比较矮小，所以当地老百姓将其称为"天松"。与市场常见的美国花旗松（北美黄杉）为同属树种。

木材宏观特征 针叶树材。心边材区别明显，心材红褐或橘红色；边材黄白至浅黄褐色。生长轮甚明显。早材至晚材急变。在横切面上轴向树脂道肉眼下可见，白点状，数量少，单独或2至数个弦列，多分布于晚材带内。木材纹理直，结构粗，不均匀。

左
黄杉
宏观横切面

右
黄杉
实木

木材微观特征 横切面早材管胞方形、多边形，晚材管胞长方形。轴向薄壁组织星散状。轴向树脂道较小，单个或2～3个弦向分布于晚材带中。弦切面木射线具单列射线和纺锤形射线两类，单列射线高1～9细胞；纺锤射线具径向树脂道，树脂道上下方射线细胞2～3列，两端尖削而成单列，高2～8细胞。管胞螺纹加厚甚明显，均匀分布于早晚材管胞壁上，略密，水平排列。径切面轴向管胞具缘纹孔1列；交叉场纹孔杉木型及云杉型，2～5个。

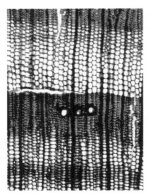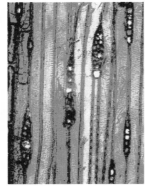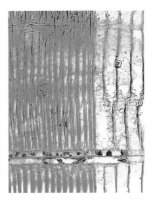

左
黄杉
微观横切面

中
黄杉
微观弦切面

右
黄杉
微观径切面

鉴别要点与相似树种

（1）鉴别要点：心边材区别明显，心材红褐或橘红色。生长轮甚明显。早材至晚材急变。轴向树脂道和径向树脂道均较小。具单列射线和纺锤形射线两类木射线。螺纹加厚甚明显，均匀分布于早晚材管胞壁上，略密，水平排列。交叉场纹孔杉木型及云杉型，2～5个。

（2）相似树种：北美黄杉 *Pseudotsuga menziesii* Franco。

松科黄杉属。心边材区别略明显，心材橘黄色至红褐色。管胞壁螺纹加厚甚明显，略倾斜。具单列和纺锤形两类木射线，纺锤射线具径向树脂道。交叉场纹孔云杉型及杉木型。与黄杉的相同特征是管胞壁螺纹加厚明显，均有轴向和径向树脂道，交叉场纹孔以云杉型为主。

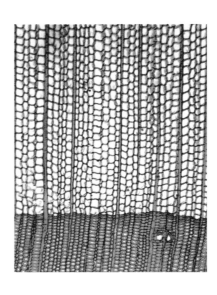

左
北美黄杉
宏观横切面

右
北美黄杉
微观横切面

濒危与珍贵
木材鉴别

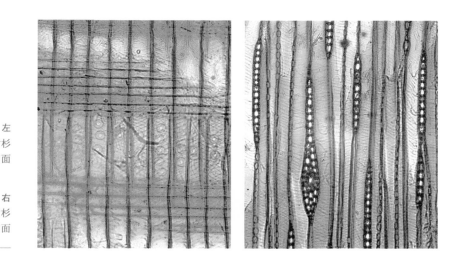

材性及用途 气干密度0.53～0.58g/cm³。硬度、干缩、强度及冲击韧性中等。干燥容易，耐久性中等，防腐处理不易。宜用于制作地板、车厢、装盛化学药剂的容器、纺织器材等。

2.7 水松 *Glyptostrobus pensilis* (Lamb.) K. Koch

英文名称 China Cypress。

商品名或别名 水旁松，水莲，水莲松，水杉枞，水枞。

科属名称 杉科，水松属。

树木性状及产地 落叶乔木，树高达25m，胸径达1.5m。在白垩纪和新生代，水松广布于北半球。第四纪冰川期后，欧洲和北美洲水松均已灭绝，仅我国残存一孑遗种。目前主要分布于广东、福建、江西、广西、云南等省区，成为我国特产树种。

珍贵等级 国家一级重点保护野生植物；系单种属植物；我国特产树种；二类木材。

市场参考价格 2 500～3 500元/m³。

木文化 水松喜生多水环境，树干基部膨大成柱槽状，并且有伸出土面或水面的吸收根，柱槽高达70cm，干基直径达60～120cm。其根部木质特别疏松，密度比轻木还小，这是水松最独特的特性。

木材宏观特征 针叶树材。心边材区别明显，心材浅红褐带紫或黄褐色；边材浅黄褐色。生长轮明显。早材至晚材缓变至略急变。木材有香气，触之有油性感，纹理直，结构中，略不均匀。

木材微观特征 横切面早材管胞长方形至多边形，晚材管胞长方形。轴向薄壁组织星散状或星散-聚合状。弦切面木射线单列，高2～13（多为5～10）细胞。径切面轴向管胞具缘纹孔1列；交叉场纹孔杉木型，多2～4个。

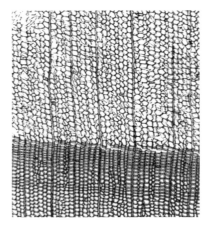

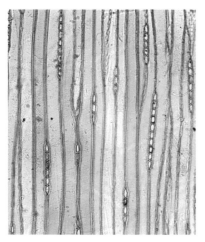

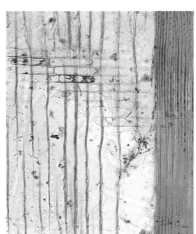

鉴别要点与相似树种

（1）鉴别要点：心边材区别明显，心材浅红褐带紫或黄褐色。木材有香气，触之有油性感。轴向薄壁组织星散状或星散-聚合状。交叉场纹孔杉木型，2～4个。根部木材特别轻。

（2）相似树种：柳杉 *Cryptomeria fortunei* Hooibrenk。

杉科柳杉属。别名：天杉，孔雀杉，楻杉。大乔木，树高达40m，胸径达2m。为我国特有树种。心边材区别明显，心材红褐或鲜红褐色。生长轮明显。早材至晚材急变。轴向薄壁组织量多，带状及星散状。木射线单列，高多数5～10细胞。交叉场纹孔杉木型，多数2～3个。与水松的区别：轴向管胞早材至晚材急变；轴向薄壁组织量比水松多，木材香气不如水松浓。

左
柳杉
宏观横切面

右
柳杉
微观横切面

左
柳杉
微观径切面

右
柳杉
微观弦切面

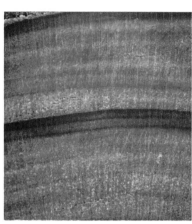

材性及用途　气干密度0.53～0.59g/cm³。硬度小，强度低，干缩小。

易干燥，抗蚁性中。由于树根木材特别轻，宜用于制作各种瓶塞、救生用具、渔网浮标、风箱等。

2.8　水杉*Metasequoia glyptostroboides* Hu et Cheng

英文名称　Water Fir或Metasequoia。

商品名或别名　水松。

科属名称　杉科，水杉属。

树木性状及产地　落叶大乔木，树高达35m，胸径达2.5m。为我国特产树种，乃古生稀有珍贵树种。原产四川、湖北及湖南，现全国南北各地都有栽培，各国竞相引种。

珍贵等级　国家一级重点保护野生植物；我国特产树种；二类木材。

市场参考价格　2 500～3 500元/m³。

木文化　水杉属在中生代白垩纪和新生代约有6～7种，并广泛分布于北半球。第四纪冰川期后，在欧洲和北美洲，这类植物几乎全部绝迹。直到20世纪40年代，我国植物学家在四川省万县发现了水杉，成为当时国际植物学界的一条重大新闻。现在，水杉这个古老的树种已经在全国许多地区引种，尤以东南各省和华中各地栽培最多。亚洲、非洲、欧洲、美洲、拉丁美洲等50多个国家和地区已引种栽培。

木材宏观特征　针叶树材。心边材区别明显，心材红褐或红褐色带紫；边材黄白或浅黄褐色。生长轮明显。晚材带甚窄，早材至晚材略急变。木材具气味，纹理直，结构细而不均匀。

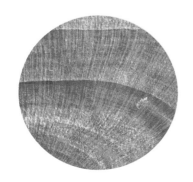

左
水杉
宏观横切面

右
水杉
实木

濒危与珍贵
木材鉴别

左
水杉
微观横切面

木材微观特征 横切面早材管胞近圆形、多边形及方形；晚材管胞长方形或多边形。轴向薄壁组织星散状。弦切面木射线单列（偶2列），高1～20（多为4～11）细胞。径切面轴向管胞具缘纹孔1列；交叉场纹孔杉木型，多数2～3个。

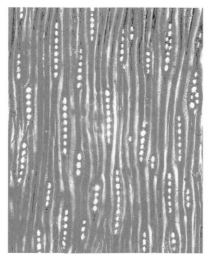 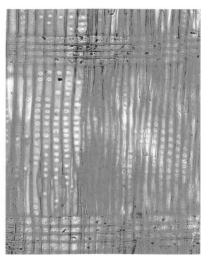

左
水杉
微观弦切面

右
水杉
微观径切面

鉴别要点与相似树种

（1）鉴别要点：心边材区别明显，心材红褐或红褐色带紫。生长轮明显。晚材带甚窄，早材至晚材略急变。木材具杉香气味。木射线单列（偶2列），多数高4～11细胞。交叉场纹孔杉木型，多数2～3个。

（2）相似树种：池杉 *Taxodium ascendens* Brongn.。

杉科落羽杉属。别名：池柏。乔木，树高达25m，胸径达50cm。原产北美。20世纪初开始引入我国，黄河以南各省区均有引种栽培。心边材区别明显，心材红褐或浅黄褐色。生长轮明显。早材至晚材略急变至急变。轴向薄壁组织甚少，星散状及切线状。交叉场纹孔杉木型，多2～3个。与水杉许多特征均比较接近，应注意细致比对鉴别。

 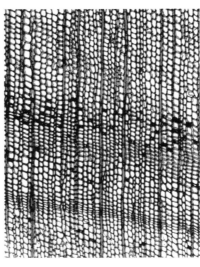

左
池杉
宏观横切面

右
池杉
微观横切面

 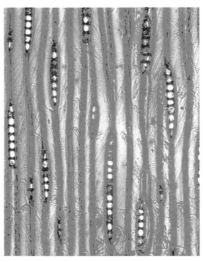

左
池杉
微观径切面

右
池杉
微观弦切面

材性及用途　气干密度0.32～0.36g/cm³。硬度小，干缩小，强度及冲击韧性低。易干燥，抗蚁性弱至中。宜用于房屋建筑、包装用材、楼板、室内装修等。

濒危与珍贵
木材鉴别

2.9　福建柏 *Fokienia hodginsii* A. Henry et H. H. Thomas

英文名称　Fukien Cypress。

商品名或别名　杜柴，梌木，建柏，柏木，福柏。

科属名称　柏科，福建柏属。

树木性状及产地　常绿乔木，树高达20m，胸径达80cm。为我国特有的单种属植物。主产福建、江西、浙江、湖南、广东、广西、四川和贵州等省区，以福建中部最多。越南亦产。

珍贵等级　国家二级重点保护野生植物；我国特有单种属植物；一类木材。

市场参考价格　4 000～5 500元/m³。

木文化　福建柏在广西称皇帝木。源于古代一个皇帝要到桂林游览，指定用广西西部的柏木建行宫。当地百姓为避免劳役之苦，把所有的柏木砍掉埋于地下。新中国成立后，人们炼山开荒时，大量发现埋于地下的柏木。后经鉴定为福建柏。所以当地群众称之为"皇帝木"。

木材宏观特征　针叶树材。心边材区别略明显，心材黄褐或浅红褐色；边材灰黄褐色。生长轮明显。早材至晚材缓变。木材具柏木香气，触之有油性感，纹理直，结构中而均匀。

左
福建柏
宏观横切面

右
福建柏
实木

木材微观特征　横切面早材管胞方形，晚材管胞长方形。轴向薄壁组织量多，星散状及星散-聚合状。弦切面木射线单列，高1～16（多数高3～8）细胞。径切面轴向管胞具缘纹孔1列；交叉场纹孔柏木型，1～3个。

左
福建柏
微观横切面

中
福建柏
微观弦切面

右
福建柏
微观径切面

鉴别要点与相似树种

（1）鉴别要点：心边材区别略明显，心材黄褐或浅红褐色。木材具柏木香气，触之有油性感。轴向薄壁组织量多，星散状及星散-聚合状。交叉场纹孔柏木型，1～3个。

（2）相似树种：圆柏 *Sabina chinensis* (L.) Ant.。

柏科圆柏属。别名：紫柏，红心柏，珍珠柏。大乔木，树高达20m，胸径达3.5m。主产华北、华中、华南、西南各省区。心边材区别明显，心材紫红褐色。生长轮明显。早材至晚材缓变。木材具柏木香气。轴向薄壁组织略多，星散状及星散-聚合状、带状。木射线单列，多数高1～5细胞。交叉场纹孔柏木型，多数2～4个。与福建柏十分相似，注意细致鉴别。

 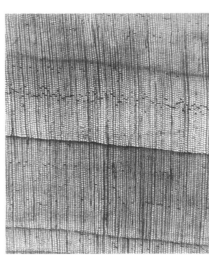

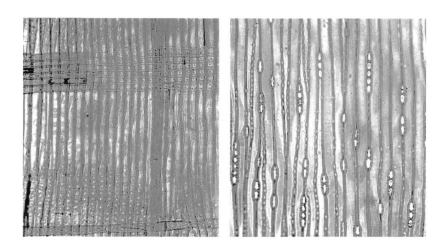

材性及用途　气干密度0.43～0.47g/cm³。硬度、强度、冲击韧性中，干缩小。耐腐。宜用于高档家具、室内装饰、仪器箱盒等用材。

2.10　圆柏 *Sabina chinensis* (L.) Ant.

英文名称　Chinese Juniper。

商品名或别名　紫柏，红山柏，红心柏，珍珠柏。

科属名称　柏科，圆柏属。

树木性状及产地　常绿乔木，树高达20m，胸径达3.5m。主产华北、华中、华南、西南各省区。

珍贵等级　一类木材。

市场参考价格：4 500～5 500元/m³。

木文化　圆柏树形优美，是著名的园景树。我国古代多植于寺庙、陵墓、殿堂四周，或植为行道树，或在庭园中对植，颇增庄严肃穆之感。尤其老树树干扭曲，奇姿古态，与古典建筑相配，更显清奇、古雅，相得益彰。

木材宏观特征　针叶树材。心边材区别明显，心材紫红褐色；边材黄白色。生长轮明显。早材至晚材缓变。木材具柏木香气，纹理斜，结构细而均匀。

左
圆柏
宏观横切面

右
圆柏
实木

木材微观特征 横切面早材管胞多边形，晚材管胞长方形。轴向薄壁组织略多，星散状及星散-聚合状、带状。弦切面木射线单列，高1～9（多数高1～5）细胞。最后数列晚材管胞弦壁具缘纹孔明显。径切面轴向管胞具缘纹孔明显，1列；交叉场纹孔柏木型，多数2～4个。

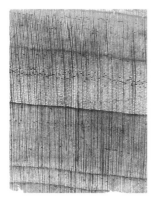
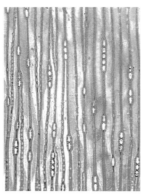
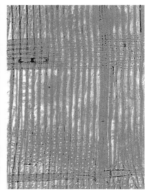

左
圆柏
微观横切面

中
圆柏
微观弦切面

右
圆柏
微观径切面

鉴别要点与相似树种

（1）鉴别要点：心边材区别明显，心材紫红褐色。生长轮明显。早材至晚材缓变。木材具柏木香气。轴向薄壁组织略多，星散状、星散-聚合状、带状。交叉场纹孔柏木型，多为2～4个。

（2）相似树种：方枝柏*Sabina saltuaria* Cheng et W. T. Wang。

柏科圆柏属。别名：圆松，紫柏，刺柏，珍珠柏。树高达20m，胸径达3.5m。主产华北、华中、华南、西南各省区。

濒危与珍贵
木材鉴别

心边材区别明显，心材黄红褐色。生长轮明显。早材至晚材缓变。木材具柏木香气。轴向薄壁组织略多，星散状及星散-聚合状、带状。弦切面木射线单列，多数高1～5细胞。交叉场纹孔柏木型，多数2～4个。与圆柏十分相似，注意仔细鉴别。

左
方枝柏
宏观横切面

右
方枝柏
微观横切面

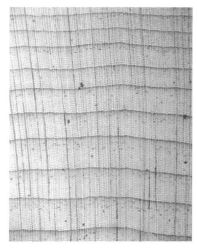

左
方枝柏
微观径切面

右
方枝柏
微观弦切面

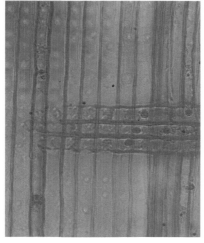
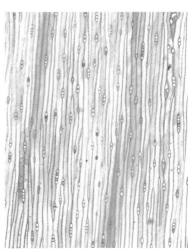

材性及用途 气干密度0.59～0.62g/cm³。硬度、冲击韧性中，干缩小，强度低。干燥慢，耐腐、抗虫性均强。宜用于铅笔杆、雕刻、相框、室内装修等。

2.11　陆均松 *Dacrydium pierrei* Hickel.

英文名称　Pierre Dacrydium。

商品名或别名　黄液松，卧子松，泪柏，泪杉，山松，通赏松。

科属名称　罗汉松科，陆均松属。

树木性状及产地　常绿大乔木，树高达35m，胸径达1.5m。特产海南，为陆均松属植物分布于我国的唯一代表种类，分布区很窄。

珍贵等级　二类木材。

市场参考价格　2 500～3 000元/m³。

木文化　陆均松的枝叶漂亮得难以形容，颜色翠绿，闪着光泽，与当地一种美丽的陆均鸟的羽毛色彩很相似，陆均松因此而得名。木材花纹像彩云，可以同大理石媲美。砍伤内皮能泌出红色汁液，故又称泪柏、泪杉。

木材宏观特征　针叶树材。心边材区别不明显，木材浅黄褐色至玫瑰黄色，常见蓝变。生长轮略明显。早材至晚材缓变。木材纹理直，结构细而均匀。

左
陆均松
宏观横切面

右
陆均松
实木

木材微观特征　横切面早晚材管胞长方形、方形、多边形。轴向薄壁组织星散状。弦切面木射线单列，多数高4～15细胞，细胞长方形。弦切面可见具缘纹孔。径切面轴向管胞具缘纹孔1～2列；交叉场纹孔柏木型，1～2个。

濒危与珍贵
木材鉴别

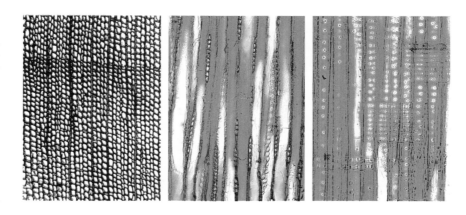

左
陆均松
微观横切面

中
陆均松
微观弦切面

右
陆均松
微观径切面

鉴别要点与相似树种

（1）鉴别要点：心边材区别不明显，材色浅黄褐色至玫瑰黄色。生长轮略明显。早材至晚材缓变。轴向薄壁组织星散状。木射线高达4～15细胞，细胞长方形。弦切面可见具缘纹孔。交叉场纹孔柏木型，1～2个。

（2）相似树种：罗汉松 *Podocarpus macrophyllus* (Thunb.) D. Don。

罗汉松科罗汉松属。国家二级重点保护野生植物。别名：罗汉杉，土杉，白楠木。常绿乔木，树高达20m，胸径达25cm。主产长江流域以南各省区。

心边材区别不明显，材色浅黄褐至黄红褐色。生长轮略明显或不明显。早材至晚材缓变。轴向薄壁组织量少，星散状。交叉场纹孔柏木型，多数1～2个。与陆均松构造特征十分相似，注意仔细鉴别。

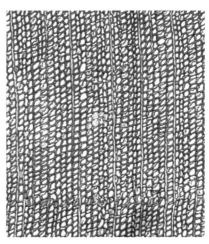

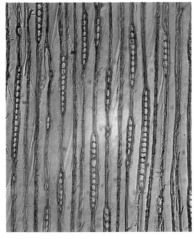

左
罗汉松
微观径切面

右
罗汉松
微观弦切面

材性及用途 气干密度0.50～0.73 g/cm³。强度低，干缩中。加工容易，不耐腐。干燥容易，略开裂。宜用于制作细木工制品、包装箱、实木地板、装饰单板、室内装饰材料等。

2.12 穗花杉 *Amentotaxus argotaenia* (Hance) Pilger

英文名称 Common Amentotaxus。

商品名或别名 喜杉，杉秃，杉枣。

科属名称 红豆杉科，穗花杉属。

自穗花杉被发现以来，植物学者对它的分类归属问题一直存在争议。过去有学者将穗花杉属归于三尖杉科。但是多数学者认为穗花杉具有红豆杉科某些共同特征，与三尖杉科关系密切，是红豆杉与三尖杉科之间联系的桥梁，应把穗花杉属放在红豆杉科中并与榧树属同归于榧树族更为合理。

树木性状及产地 常绿小乔木，树高达10 m，胸径达20cm。主产广西、广东、湖南、湖北、江西、四川、西藏、甘肃等省区。越南北部也有分布。

珍贵等级 世界自然保护联盟（IUCN）2013年濒危物种红色名录—近危（NT）植物；国家二级重点保护野生植物；二类木材。

市场参考价格 3 000～3 500元/m³。

木文化 2020年7月，中美古生物学者在我国内蒙古宁城道虎沟村的侏罗纪化石层中，发现了两枚穗花杉化石。这两枚化石约有1.6亿年历史，保存了远古穗花杉枝、叶、芽、种子等重要结构。这说明现在的穗花杉是一类延续了至少1.6亿年的古老孑遗植物。

木材宏观特征 针叶树材。心边材区别通常不明显，木材浅黄褐至黄褐色。生长轮略明显。早材至晚材缓变。木材纹理直，结构细。

左
穗花杉
宏观横切面

右
穗花杉
实木

木材微观特征 横切面早材管胞方形及长方形，晚材管胞方形及多边形。轴向薄壁组织少，星散状及数个排成弦列。管胞壁螺纹加厚明显，在纹孔口上下方成对排列似澳洲柏型。木射线单列（偶见2列），高1～11（多数高3～6）细胞。径切面轴向管胞具缘纹孔1列；交叉场纹孔柏木型，1～4个。

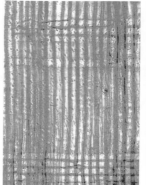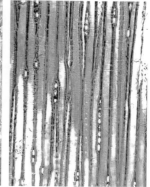

左
穗花杉
微观横切面

中
穗花杉
微观径切面

右
穗花杉
微观弦切面

鉴别要点与相似树种

（1）鉴别要点：心边材区别通常不明显，木材浅黄褐至黄褐色。生

濒危和珍贵
木材鉴别各论

61

长轮略明显。早材至晚材缓变。管胞壁螺纹加厚明显，在纹孔口上下方成对排列似澳洲柏型。交叉场纹孔柏木型，1～4个。

（2）相似树种：榧树 *Torreya grandis* Fort.。

红豆杉科榧属。国家二级重点保护野生植物。别名：香榧，榧子树，玉榧。乔木，高达25m。产于江苏、浙江、福建、安徽、湖南、云南等省区。心边材区别略明显，心材嫩黄或黄褐色。生长轮明显。早材至晚材缓变。木材具有难闻的特殊药味。轴向薄壁组织星散状。管胞壁螺纹加厚明显，常在纹孔上下方成对排列。交叉场纹孔柏木型，通常2～3个。与穗花杉的最大区别是榧树木材具有难闻的特殊药味。

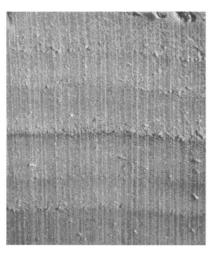

左
榧树
宏观横切面

右
榧树
微观横切面

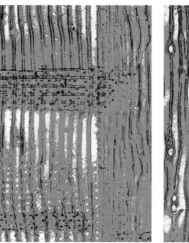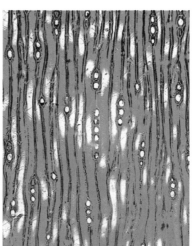

左
榧树
微观径切面

右
榧树
微观弦切面

濒危与珍贵
木材鉴别

2.13　红豆杉 *Taxus chinensis* (Pilger) Rehd.

英文名称　Chinese Yew。

商品名或别名　观音杉，血柏，红杉，紫杉木，野柏树，薛柴。

科属名称　红豆杉科，红豆杉属。

树木性状及产地　常绿乔木，树高达30m，胸径达1m。我国特有树种，产于甘肃南部、陕西南部、四川、云南东北部及东南部、贵州西部及东南部、湖北西部、湖南东北部、广西北部和安徽南部（黄山），常生于海拔1 000～1 200米以上的高山上部。

珍贵等级　CITES附录II监管物种；国家一级重点保护野生植物；特类木材。

市场参考价格　1.5万～2.5万元/吨。

木材宏观特征　针叶树材。心边材区别甚明显，心材橘黄红至玫瑰红色，边材黄白或浅黄色。生长轮明显。早材至晚材缓变。木材纹理直或斜，结构细而均匀。

左
红豆杉
宏观横切面

右
红豆杉
实木

木材微观特征 横切面早材管胞为不规则多边形，晚材管胞方形至长方形。轴向薄壁细胞缺乏。弦切面木射线单列（偶见对列或2列），高1～10（多数高2～6）细胞。管胞壁螺纹加厚甚明显，略倾斜。径切面轴向管胞具缘纹孔1列；交叉场纹孔柏木型，通常2～3个。

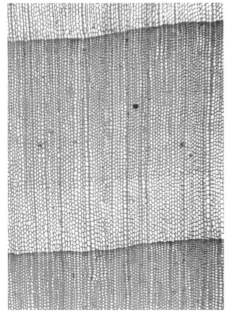
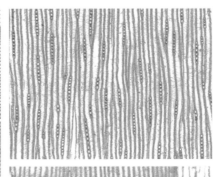
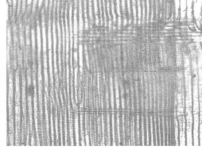

左
红豆杉
微观横切面

右上
红豆杉
微观弦切面

右下
红豆杉
微观径切面

鉴别要点与相似树种

（1）鉴别要点：心边材区别甚明显，心材橘黄红至玫瑰红色。生长轮明显。早材至晚材缓变。管胞壁螺纹加厚甚明显，略倾斜。交叉场纹孔柏木型，通常2～3个。

（2）相似树种：白豆杉 *Pseudotaxus chienii* Cheng。

红豆杉科白豆杉属。国家二级重点保护野生植物。别名：短水松。常绿小乔木，树高7m以上，胸径达20cm。我国特有，第三纪孑遗单种属植物，国家二级重点保护植物。主产浙江、江西、广西、广东、湖南等省区。心边材区别明显，心材灰褐色。生长轮明显。早材至晚材缓变。管胞壁螺纹加厚甚明显。交叉场纹孔柏木型，1～4个。与红豆杉的最大区别是心材材色，红豆杉心材橘黄红至玫瑰红色，白豆杉心材灰褐色。

濒危与珍贵
木材鉴别

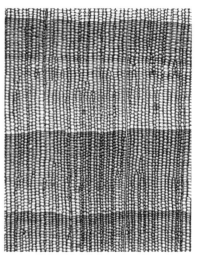

左
白豆杉
宏观横切面

右
白豆杉
微观横切面

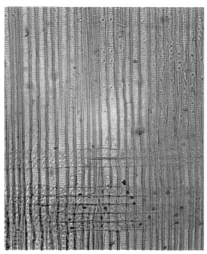

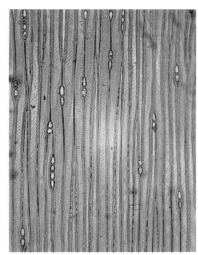

左
白豆杉
微观径切面

右
白豆杉
微观弦切面

材性及用途 气干密度0.62～0.76g/cm³。硬度、强度中。干燥缓慢，耐腐性、抗虫性强。宜用于高级雕刻、高雅室内装饰和高档家具等。

红豆杉被公认为抗癌植物，从红豆杉树皮及木材中提炼出来的紫杉醇对癌症疗效突出，被称为"治疗癌症的最后一道防线"。红豆杉中的大量化合物在治疗痛经、高血压、高血糖、白血病、肿瘤、糖尿病及心脑血管病方面效果显著。各地均有集约种植红豆杉的实例，待红豆杉植株长至3~5m时，将整株红豆杉连根拔起，根、茎、叶一起提炼紫杉醇。

2.14 榧树 *Torreya grandis* Fort.

英文名称 Chinese Torreya。

商品名或别名 香榧，榧子树，玉榧，野杉树，羊角榧，老鸦榧。

科属名称 红豆杉科，榧属。

树木性状及产地 常绿乔木，树高达25m。树干挺直，大枝开展，树冠广卵形。主产江苏、浙江、福建、安徽、湖南、云南等省区。

珍贵等级 国家二级重点保护野生植物；一类木材。

市场参考价格 1万～1.1万元/吨。

木文化 榧树是一种长寿树及观赏树种，从开花、结果到成熟长达三年，此一习性为植物所罕见。浙江诸暨枫桥有"一人种树，三代受益"的说法，人称"三代果"。采摘时须特别小心，这是因为榧农为防采摘时伤到下二代的榧种。每年采摘香榧季节，总会听说有人因采摘香榧而出意外的事情。

木材宏观特征 针叶树材。心边材区别略明显，心材嫩黄或黄褐色，边材黄白色。生长轮明显。早材至晚材缓变。木材具有难闻的特殊药味，这是此种木材所特有的特征。纹理直，结构细而均匀。

左
榧树
宏观横切面

右
榧树
实木

木材微观特征 横切面早材管胞不规则多边形，晚材管胞方形及长方形。轴向薄壁组织星散状。弦切面木射线单列，高1～8（多数高2～5）细胞。管胞壁螺纹加厚明显，常在纹孔上下方成对排列。径切面轴向管胞具缘纹孔1列；交叉场纹孔柏木型，通常2～3个。

濒危与珍贵
木材鉴别

左
榧树
微观横切面
中
榧树
微观弦切面
右
榧树
微观径切面

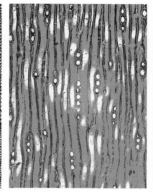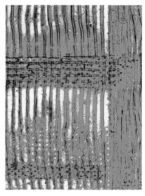

鉴别要点与相似树种

（1）鉴别要点：心边材区别略明显，心材嫩黄或黄褐色。木材具有难闻的特殊药味。管胞壁螺纹加厚明显，常在纹孔上下方成对排列。交叉场纹孔柏木型，通常2～3个。

（2）相似树种：穗花杉 *Amentotaxus argotaenia* (Hance) Pilger。

红豆杉科穗花杉属。国家二级重点保护野生植物。别名：杉枣，喜杉，杉秃。乔木，树高达10m，胸径达20cm。主产广西、广东、湖南、湖北、江西、四川等省区。心边材区别通常不明显，木材浅黄褐至黄褐色。生长轮略明显。早材至晚材缓变。管胞壁螺纹加厚明显，在纹孔口上下方成对排列似澳洲柏型。轴向薄壁组织少，星散状。交叉场纹孔柏木型，1～4个。与榧树最大区别是榧树木材具有难闻的特殊药味，而穗花杉木材无特殊气味。

左
方枝柏
微观径切面

右
穗花杉
微观切面

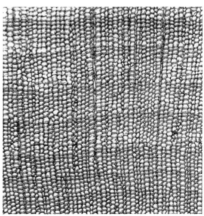

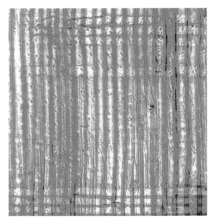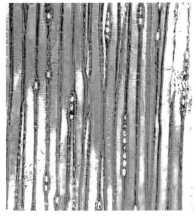

左
穗花杉
微观径切面

右
穗花杉
微观弦切面

材性及用途 气干密度0.46～0.53g/cm³。硬度小，强度低，干缩小。干燥容易，耐腐性强。宜用于制作铅笔杆、装饰品、雕刻品、文具等。

种子为著名的香榧干果，种子经炒熟后味美香酥（市场上名为椒盐香榧），含油量41.89%，蛋白质10%，碳水化合物28%，灰分2.6%，其他17.51%；种子油可食用，并可制润滑剂和制蜡。

2.15 檀香紫檀 *Pterocarpus santalinus* L. F.

英文名称 Red sanders。

商品名或别名 紫檀木，金星紫檀，牛毛纹紫檀，鸡血紫檀，小叶紫檀。

科属名称 蝶形花科，紫檀属。

树木性状及产地 乔木，树高可达20m，胸径达50cm。原产印度安德拉邦古德柏、蒂鲁柏蒂、吉杜尔等地区。我国广东、云南、海南及台湾等省有少量引种栽培。

珍贵等级 CITES附录II监管物种；GB/T 18107《红木》紫檀木类；特类木材。

市场参考价格 60万～100万元/吨。

木文化 在我国古代，紫檀木通指紫色的硬木，因其木材结构细腻、富含紫色的树胶，以其划墙可见紫色条纹而得名。野生的紫檀木生长缓慢，非百年不能成材，根部通常腐朽成空洞，故有"十檀九空"之说。在木材横切面上可见闪闪发亮的树胶，所以又有金星紫檀、天星紫檀之称。在印度佛教和传统医药（阿育吠陀）中，紫檀是一种名贵药材。《佛说旃檀树经》记载：此树（檀香紫檀）香洁，治人百病，世所稀有。

木材宏观特征　心边材区别明显，心材新切面为橘红色，久则为红紫色或紫黑色，具深色相间条纹，边材近白色。散孔材。管孔略小，肉眼下不明显。导管富含红色或紫色树胶。轴向薄壁组织傍管细带状、聚翼状。木材香气微弱。木材划墙或地板，紫红色划痕可见。木屑泡水荧光明显。

左
檀香紫檀
宏观横切面

右
檀香紫檀
实木

木材微观特征　单管孔及径列复管孔（多数为2～3）。导管内充满红色树胶或紫檀素。导管分子单穿孔，管间纹孔式互列。导管分子、轴向薄壁组织、木纤维及木射线均叠生。轴向薄壁组织带状（宽1～3细胞）、翼状、聚翼状；单列射线（偶成对或两列）高2～7细胞；射线组织同形。

左
檀香紫檀
微观横切面

右
檀香紫檀
微观弦切面

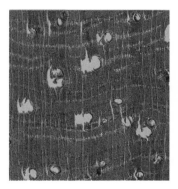
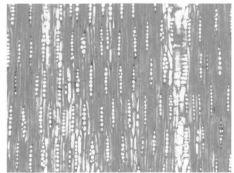

鉴别要点与相似树种

（1）鉴别要点：心边材区别明显，心材新切面为橘红色，久则为红紫色或紫黑色。散孔材。管孔略小肉眼下不明显。导管富含红色或紫色树胶。木材划痕可见，木屑泡水荧光明显。轴向薄壁组织窄带状（宽1～3细胞）、翼状、聚翼状；单列射线（偶见成对或两列）高2～7细胞；射线组织同形。

（2）相似树种：染料紫檀 *Pterocarpus tinctorius* Welw.。

蝶形花科紫檀属。别名：血檀，非洲小叶紫檀。乔木，树高可达20m，胸径达40cm。主产非洲东部、中部和南部的热带地区。CITES附录Ⅱ监管物种；特类木材。

边材区别明显，心材材色变化较大，浅红褐色、橘红色或红紫色，具深色相间条纹。散孔材。管孔小至略小，放大镜下明显。导管内含红色或紫色树胶。轴向薄壁组织带状（宽1～3细胞）、翼状、聚翼状；单列射线为主、两列射线常见，射线高2～9细胞，高低欠一致；射线组织同形。木屑泡水荧光明显。木材划痕可见。

檀香紫檀与染料紫檀极为相似，区别这两种木材难度很大。染料紫檀与檀香紫檀构造区别是材色变化较大，二列射线较多，射线高低不一致，木材产自热带非洲国家。染料紫檀不属于GB/T 18107《红木》紫檀木类，仅属于亚花梨木类。

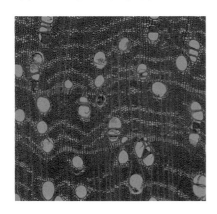
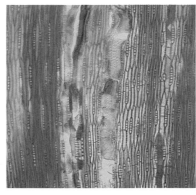

左
染料紫檀
微观横切面

右
染料紫檀
微观弦切面

材性及用途 檀香紫檀材质坚硬，气干密度1.05～1.26g/cm³，入水即沉。纹理略斜、结构细密，车旋、雕刻容易，油漆性能佳。宜用于制作宝座、架子床、官帽椅、顶箱柜、沙发、餐桌、书桌、博古架等高级古典工艺家具及笔筒、书画筒、手镯等高级工艺品。

濒危与珍贵
木材鉴别

2.16 染料紫檀 *Pterocarpus tinctorius* Welw.

英文名称 Red sandalwood。

商品名或别名 血檀，非洲小叶紫檀。

科属名称 蝶形花科，紫檀属。

树木性状及产地 乔木，树高可达20m，胸径达40cm。主产非洲东部、中部和南部的热带地区。

珍贵等级 CITES附录 II 监管物种；特类木材。

市场参考价格 1.5万～2万元/吨。

木文化 刚采伐的染料紫檀树木，剥去树皮后，整个木材表面会流出一种血红色的树液，这种红色树液氧化后则变成橘红色或红紫色。故此得名"血檀"，由于产自非洲，又称非洲血檀。

木材宏观特征 心边材区别明显，心材材色变化较大，浅红褐色、橘红色或红紫色，具深色相间条纹。散孔材。管孔小至略小，放大镜下明显。导管内含红色或紫色树胶。轴向薄壁组织傍管细带状、聚翼状。木材香气微弱。木材划墙或地板，划痕可见。木屑泡水荧光明显。

左
染料紫檀
宏观横切面

右
染料紫檀
实木

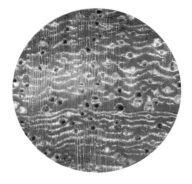
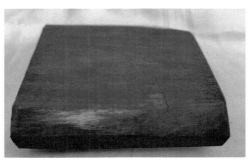

木材微观特征 单管孔及径列复管孔（多数为2～3）。导管内红色树胶或紫檀素可见。导管分子单穿孔，管间纹孔式互列。导管分子、轴向薄壁组织、木纤维及木射线均叠生。轴向薄壁组织带状（宽1～3细胞）、翼状、聚翼状；单列射线为主、两列射线常见，射线高2～9细胞，高低欠一致；射线组织同形。

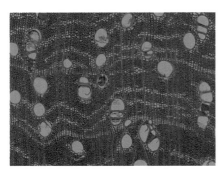 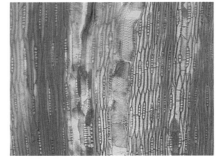

左
染料紫檀
微观横切面

右
染料紫檀
微观弦切面

鉴别要点与相似树种

（1）鉴别要点：染料紫檀与檀香紫檀的构造特征极为相似，区别这两种木材难度很大。染料紫檀心材材色变化较大，二列射线多于檀香紫檀，射线高低细胞数欠一致。制作家具或工艺品后，染料紫檀材色容易暗淡无光泽、表面油性感不强。

（2）相似树种：檀香紫檀 *Pterocarpus santalinus* L.F.。

蝶形花科紫檀属。别名：紫檀木、金星紫檀、牛毛纹紫檀、印度小叶紫檀。乔木，树高可达20m，胸径达50cm。原产印度。CITES附录II监管物种；GB/T 18107《红木》紫檀木类；特类木材。心边材区别明显，心材新切面为橘红色，久则为红紫色或紫黑色，具深色相间条纹。散孔材。管孔略小，肉眼下不明显。导管富含红色或紫色树胶。轴向薄壁组织带状（宽1～3细胞）、翼状、聚翼状；单列射线（偶成对或两列）高2～7细胞；射线组织同形。

与染料紫檀的构造区别是心材新切面为橘红色，久则为红紫色或紫黑色，木材油性充足，长时间也不会暗淡无光。木材产地为印度。属于GB/T 18107《红木》紫檀木类木材。

 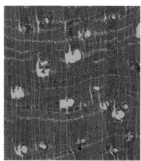 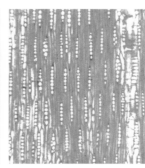

左
檀香紫檀
宏观横切面

中
檀香紫檀
微观横切面

右
檀香紫檀
微观弦切面

材性及用途 染料紫檀材质变化较大，气干密度0.75～1.16g/cm³。纹理略斜、结构细密，车旋、雕刻容易，油漆性能佳。宜用于制作宝座、架子床、官帽椅、顶箱柜、沙发、餐桌、书桌、博古架等高级古典工艺家具及笔筒、书画筒、手镯等高级工艺品。

2.17　非洲紫檀 *Pterocarpus soyauxii* Taub.

英文名称　African Padauk。

商品名或别名　巴木，卡姆木，红花梨，邵氏紫檀，非洲红花梨。

科属名称　蝶形花科，紫檀属。

树木性状及产地　大乔木，树高达30m，胸径达90cm。主产喀麦隆、加蓬、刚果等非洲热带国家。

珍贵等级　一类木材。

市场参考价格　5 000～8 000元/吨。

木文化　非洲紫檀虽为紫檀属木材，但由于管孔较大，材质较轻，而没有被国家标准GB/T 18107《红木》列为花梨木类，而只属于非红木的亚花梨木类。由于非洲紫檀的材色较红，市场上俗称非洲红花梨。

木材宏观特征　散孔材。管孔略大，肉眼下明显，单个散布。心边材区别明显，心材新鲜切面橘红色，久则变红褐色至紫红褐色，具有深红色条纹。轴向薄壁组织傍管带状、翼状、聚翼状。木材纹理直、结构粗。

左
非洲紫檀
宏观横切面

右
非洲紫檀
实木

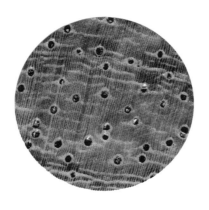

木材微观特征　单管孔，稀2个径列复管孔；导管内含树胶。导管分子单穿孔，管间纹孔式互列。轴向薄壁组织傍管带状、聚翼状、翼状。木纤维、薄壁组织、木射线均叠生。射线主为单列（偶2列），高7～11细胞。射线组织同形单列。

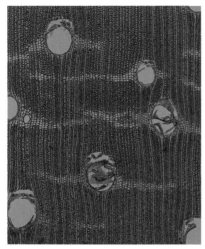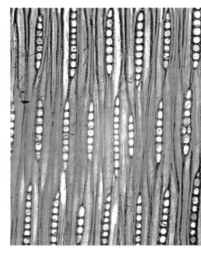

左
非洲紫檀
微观横切面

右
非洲紫檀
微观弦切面

鉴别要点与相似树种

（1）鉴别要点：管孔略大，肉眼下明显，单个散布。心边材区别明显，心材新鲜切面橘红色，久则变红褐色至紫红褐色，具有深红色条纹。轴向薄壁组织傍管带状、聚翼状、翼状。

（2）相似树种：印度紫檀*Pterocarpus indicus* Willd.。

蝶形花科紫檀属。别名：花梨木，花榈木、青龙木。大乔木，高可达40m，胸径可达1.5m。原产印度，我国广东、广西有栽培。

半环孔材至散孔材。心边材区别明显，心材金黄褐色、砖红褐色或红褐色，具深浅相间的条纹。轴向薄壁组织傍管带状及聚翼状、翼状。主为单列射线（稀2列），多数高2～8细胞。射线组织同行单列。木材香气显著。

与非洲紫檀构造区别：印度紫檀半环孔材较明显。心材黄褐色至红褐色，具深浅相间的条纹。木射线高度较低，多数高2～8细胞。而非洲紫檀心材新鲜切面橘红色，久则变红褐色至紫红褐色。木射线高度较高，多数高7～11细胞。产地差异大，印度紫檀产自亚洲热带地区，非洲紫檀产自热带非洲。

左
印度紫檀
宏观横切面

中
印度紫檀
微观横切面

右
印度紫檀
微观弦切面

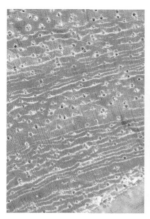 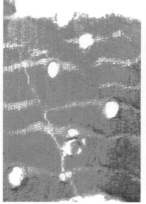 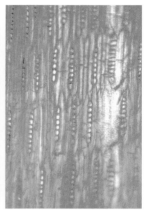

材性及用途 气干密度0.55～0.67g/cm³；强度及硬度中等；加工容易，油漆或上蜡性能良好。宜用于制作椅类、床类、顶箱柜、沙发、餐桌、书桌等高级仿古典工艺家具及楼梯、门框等。

2.18　大果紫檀 *Pterocarpus macrocarpus* Kurz

英文名称 Burma Padauk。

商品名或别名 缅甸花梨，花梨木，草花梨，香花梨。

科属名称 蝶形花科，紫檀属。

树木性状及产地 大乔木，树高达30m，胸径达2.5m。原产缅甸、泰国、老挝、柬埔寨和越南等国家；我国海南、台湾有栽培。

珍贵等级 GB/T 18107《红木》花梨木类；特类木材。

市场参考价格 1.5万～2.5万元/吨。

木文化 按国家标准GB/T 18107《红木》，大果紫檀属花梨木类。由于花梨木类木材的板面通常呈深浅相间的条纹或山水状花纹，俗称"黑筋"，犹如狐狸皮的花纹而得名"花梨（狸的同音）木"。木材具清香气味；木屑水浸出液深黄褐色，有荧光。

木材宏观特征 心边材区别明显，心材黄褐至红褐色，具深浅相间的条纹。散孔材至半环孔材。轴向薄壁组织傍管带状、聚翼状、翼状。纹理交错，结构中至粗，具清香气味。

木材微观特征 单管孔，少数2～3个径列复管孔。部分管孔内含树胶。木纤维、轴向薄壁组织、木射线均叠生。导管分子单穿孔，管间纹孔式互列。轴向薄壁组织带状，多数宽2～4细胞。射线单列，偶见成对或2列，多数高5～9细胞。射线组织同形单列。

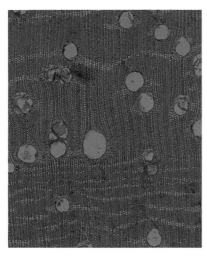

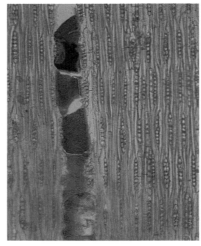

鉴别要点与相似树种

（1）鉴别要点：散孔材至半环孔材。心边材区别明显，心材黄褐至红褐色，具深浅相间的条纹。轴向薄壁组织傍管带状、聚翼状、翼状。射线组织同形单列。木屑水浸出液深黄褐色，荧光明显。

（2）相似树种：安哥拉紫檀 *Pterocarpus angolensis* DC.。

蝶形花科紫檀属。别名：African padauk、非洲花梨、奇费里。乔木，树高达15m，胸径可达60cm。分布非洲热带地区。散孔材至半环孔

濒危与珍贵
木材鉴别

材。心边材区别略明显，心材黄褐色，具深浅相间的条纹。轴向薄壁组织丰富，主为傍管带状、翼状、聚翼状。单列射线为主，2列射线和对列射线常见，高5~9细胞。射线组织同形。射线内含丰富菱形晶体。

安哥拉紫檀与大果紫檀的区别如下。安哥拉紫檀心边材区别略明显，心材黄褐色。单列射线为主，2列射线和对列射线常见。木材密度较低，气干密度0.50~0.70g/cm³。不属于GB/T 18107《红木》花梨木类。木材产自非洲热带地区。大果紫檀心边材区别明显，心材黄褐至红褐色，具深浅相间的条纹。射线单列，偶见成对或2列。气干密度0.80~0.85g/cm³。属于GB/T 18107《红木》花梨木类木材。木材产自东南亚热带地区。

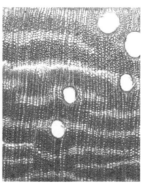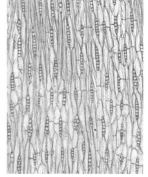

材性及用途 气干密度0.80~0.85g/cm³。硬度及强度中等。加工容易，油漆或上蜡性能良好。宜用于制作椅类、床类、顶箱柜、沙发、餐桌、书桌等高级仿古典工艺家具及人物或动物肖像工艺品等。

2.19 刺猬紫檀 *Pterocarpus erinaceus* Poir.

英文名称 Pau Sangue。

商品名或别名 花梨木，非黄，非洲黄花梨。

科属名称 蝶形花科，紫檀属。

树木性状及产地 大乔木，树高达30m，胸径达1m。主产塞内加尔、冈比亚、几内亚比绍、马里、尼日利亚等热带非洲国家。

珍贵等级　CITES附录Ⅱ监管物种；　GB/T 18107《红木》花梨木类；一类木材。

市场参考价格　6 000～9 000元/吨。

木文化　刺猬紫檀心材紫红褐或红褐色，常带深色条纹，板面通常呈深浅相间的山水状花纹，俗称"黑筋"，与降香黄檀的"鬼脸花纹"相似。所以，市场上曾一度将刺猬紫檀误称为"非洲黄花梨"。木材有时候具难闻的气味。

木材宏观特征　散孔材，半环孔材倾向明显。心边材区别明显，心材紫红褐或红褐色，常带深色条纹。轴向薄壁组织在放大镜下为带状或细线状。木材香气无或很微弱。木屑浸水其溶液具荧光。

左
刺猬紫檀
宏观横切面

右
刺猬紫檀
实木

木材微观特征　单管孔或2～3个径斜列复管孔。导管分子单穿孔，管间纹孔式互列。轴向薄壁组织带状，宽2～3细胞。射线单列（偶对列），多数高6～10细胞。射线组织同形单列。

 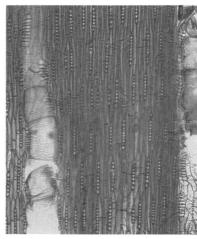

左
刺猬紫檀
微观横切面

右
刺猬紫檀
微观弦切面

濒危与珍贵
木材鉴别

（1）鉴别要点：半环孔材倾向明显。心材紫红褐或红褐色，常带深色条纹。轴向薄壁组织带状，宽2～3细胞。射线单列（偶对列）。射线组织同形单列。木材香气无或很微弱，有时候具难闻的气味。木屑浸水其溶液具荧光。

（2）相似树种：安氏紫檀*Pterocarpus antunesii* Rojo。

蝶形花科紫檀属。安氏紫檀与刺猬紫檀区别：安氏紫檀和刺猬紫檀均为产自非洲的同科同属的木材，但在国家标准GB/T 18107《红木》中，刺猬紫檀为花梨木类，而安氏紫檀为亚花梨木类（不属红木范畴）。安氏紫檀木材花纹美丽奔放，酷似黄花梨（香枝木）的鬼脸花纹，又由于产于非洲，因此市场上称其为"非洲黄花梨"。安氏紫檀与刺猬紫檀区别的主要特征有：刺猬紫檀具较淡的清香气味，而安氏紫檀具有难闻的气味；刺猬紫檀的木射线全为单列而且较高，安氏紫檀的木射线2列常见而且较低。其他特征均差异不大，应注意细心鉴别。

左
安氏紫檀
宏观横切面

中
安氏紫檀
微观横切面

右
安氏紫檀
微观弦切面

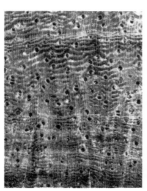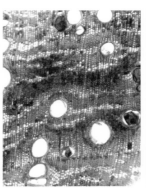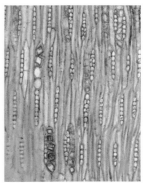

材性及用途　气干密度约0.85g/cm³；强度高，硬度大，切削稍难，但切面光滑。宜用于制作宝座、官帽椅、床类、凉席、顶箱柜、沙发、餐桌、书桌等高级仿古典工艺家具及手镯、人物或动物肖像工艺品等。

2.20　印度紫檀 *Pterocarpus indicus* Willd.

英文名称　Amboyna。

商品名或别名　花梨木，印尼花梨，花榈木，青龙木，蔷薇木，黄柏木，赤血树。

科属名称　蝶形花科，紫檀属。

树木性状及产地　落叶大乔木，树高达40m，胸径达1.5m。原产印度、缅甸、菲律宾、巴布亚新几内亚、马来西亚、印度尼西亚。我国广东、广西、海南、云南等省区有引种栽培。

珍贵等级　GB/T 18107《红木》花梨木类；一类木材。

市场参考价格　6 000～9 000元/吨。

木文化　印度紫檀为花梨木的一种，但是与其他花梨木的特征有明显的差异：一是材色变化大，心材颜色金黄色、红褐色、砖红色或紫红褐色均可见；二是木材气干密度变异大，株间变异在0.53～0.94g/cm³；三是纹理斜至略交错，有著名的Amboyna树包（瘤）花纹。

木材宏观特征　心边材区别明显，心材材色变化较大，常为金黄褐色、砖红褐色或红褐色，具深浅相间的条纹；边材近白色或浅黄色。半环孔材至散孔材。管孔肉眼下可见至略明显。管孔内具树胶或沉积物。轴向薄壁组织放大镜下明显，主要为傍管带状、聚翼状、翼状。木材具香气。

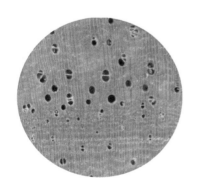

左
印度紫檀
宏观横切面

右
印度紫檀
实木

木材微观特征　单管孔，少数2～3个径列复管孔。部分管孔内具树胶或沉积物。导管分子单穿孔，管间纹孔式互列。轴向薄壁组织傍管带状（宽2～4细胞）、翼状、聚翼状。导管分子、薄壁组织、木纤维、木射线均叠生。主为单列射线（极少成对或2列），多数高2～8细胞。射线组织同形单列。

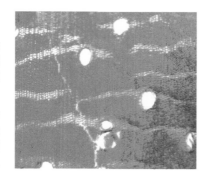
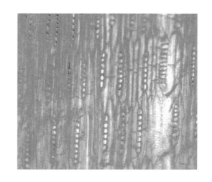

左
非洲紫檀
宏观横切面

中
非洲紫檀
微观横切面

右
非洲紫檀
微观弦切面

鉴别要点与相似树种

（1）鉴别要点：半环孔材至散孔材。心材材色变化较大，常为金黄褐色、砖红褐色或红褐色，具深浅相间的条纹。轴向薄壁组织傍管带状（宽2～4细胞）、翼状、聚翼状。主为单列射线（极少成对或2列），多数高2～8细胞。射线组织同形单列。气干密度变异大，0.53～0.94g/cm³。

（2）相似树种：非洲紫檀 *Pterocarpus soyauxii* Taub.。

蝶形花科紫檀属。别名：红花梨，邵氏紫檀，非洲红花梨。大乔木，树高可达30m，胸径可达90cm。分布中非和西非的热带国家。

非洲紫檀与印度紫檀的区别如下。非洲紫檀为散孔材；管孔略少，略大，肉眼下明显，单个散布。心材新鲜切面橘红色，久则变红褐色至紫红褐色。射线主为单列（偶2列），高7～11细胞。射线组织同形单列。木材气干密度0.55～0.67g/cm³。印度紫檀为半环孔材至散孔材。心材材色变化较大，常为金黄褐色、砖红褐色或红褐色，具深浅相间的条纹。主为单列射线（极少成对或2列），多数高2～8细胞。射线组织同形单列。木材气干密度变异大，0.53～0.94g/cm³。

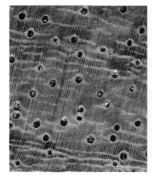
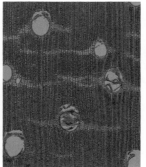
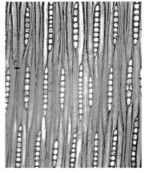

气干密度0.53～0.94g/cm³。强度、硬度中等；加工容易，油漆或上蜡性能良好。宜用于制作椅类、床类、顶箱柜、沙发、餐桌、书桌等高级仿古典工艺家具及人物或动物肖像工艺品等。

2..21 降香黄檀 *Dalbergia odorifera* T. Chen

英文名称 Scented Rosewood。

商品名或别名 香枝木，降香，香红木，花梨母，海南黄花梨，花黎。

科属名称 蝶形花科，黄檀属。

树木性状及产地 半落叶乔木，树高达15m，胸径达80cm。我国特有种，原产海南省中部和南部。广东、广西、福建、云南等省区有栽培。

珍贵等级 CITES附录Ⅱ监管物种；国家二级重点保护野生植物；GB/T 18107《红木》香枝木类；特类木材。

市场参考价格 80万～200万元/吨。

木文化 黄檀属木材的生材或湿材一般具难闻的酸臭气味，只有降香黄檀木材具有浓郁的辛辣香气，因此，GB/T 18107《红木》标准将其归为香枝木。由于降香黄檀靠根部木材的板面通常呈涡旋纹理，人称"鬼脸花纹"；材色黄褐至红褐色酷似花梨，并原产海南岛，因此市场上常称其为"海南黄花梨"。

木材宏观特征 心边材区别明显，心材红褐至深红褐色或紫红褐色，具深褐色或紫黑色条纹。散孔材至半环孔材；管孔数少，肉眼下可见至略明显；管孔内具红褐或黑褐色树胶。轴向薄壁组织翼状、聚翼状、傍管带状。木材具辛辣香气味。木材纹理斜或交错，结构略细。

左
降香黄檀
宏观横切面

右
降香黄檀
实木

濒危与珍贵
木材鉴别

木材微观特征　单管孔，少数2～3个径列复管孔。导管分子单穿孔，管间纹孔式互列。轴向薄壁组织星散-聚合状、翼状、傍管带状（宽1～3细胞）。导管分子、轴向薄壁组织、木纤维及木射线均叠生。木射线单列较少；多列射线宽2～3细胞，高5～10细胞，细胞近圆形。射线组织同形单列或多列。

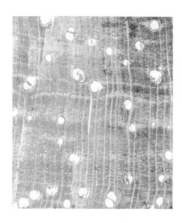
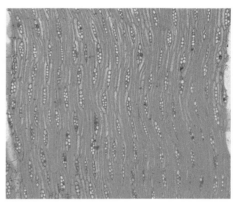

左
降香黄檀
微观横切面

右
降香黄檀
微观弦切面

鉴别要点与相似树种

（1）鉴别要点：心边材区别明显，心材红褐至深红褐色或紫红褐色，具深褐色或紫黑色条纹。散孔材至半环孔材；轴向薄壁组织翼状、聚翼状、傍管带状。木射线单列较少；多列射线宽2～3细胞，高5～10细胞。射线组织同形单列或多列。木材具辛辣香气味。

（2）相似树种：越南黄檀*Dalbergia cochinchinensis* Pierre。

蝶形花科黄檀属。别名：越南香枝木、越南黄花梨。CITES附录II监管物种。

越南黄檀木材主要构造特征如下。散孔材至半环孔材。管孔肉眼下可见。管孔内具红褐色树胶或白色的沉积物。导管分子单穿孔，管间纹孔式互列。轴向薄壁组织环管状、翼状、聚翼状、傍管带状或轮界状。导管分子、轴向薄壁组织、木纤维及木射线均叠生。木射线单列较少，高2～7细胞；多列射线宽2细胞为主，高6～10细胞，细胞近圆形。射线组织同形单列及多列，与降香黄檀十分相似。

越南黄檀与降香黄檀的区别主要有：木材纹理略比降香黄檀纹理

直，材色和辛辣气味略淡于降香黄檀，木射线略窄于降香黄檀。两者构造特征非常相似，应注意细心鉴别。

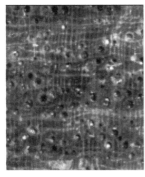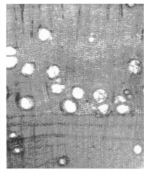

左
越南黄檀
宏观横切面

中
越南黄檀
微观横切面

右
越南黄檀
微观弦切面

材性及用途　气干密度0.84～0.98g/cm³。强度高，硬度大，切削稍难，但切面光滑。宜用于制作宝座、官帽椅、床类、凉席、顶箱柜、沙发、餐桌、书桌等高级仿古典工艺家具及手镯、人物或动物肖像工艺品等。

2.22　刀状黑黄檀 *Dalbergia cultrata* Grah.

英文名称　Burma blackwood。

商品名或别名　黑酸枝木，黑鸡翅，黑玫瑰木，刀状玫瑰木，缅甸黑檀，老挝黑酸枝。

科属名称　蝶形花科，黄檀属。

树木性状及产地　大乔木，树高达25m，胸径达60cm或以上。主产缅甸、泰国、老挝、柬埔寨、越南。我国云南、广东、广西等省区也有分布。

珍贵等级　CITES附录II监管物种；国家二级重点保护野生植物；GB/T 18107《红木》黑酸枝木类；特类木材。

市场参考价格　1.5万～2万元/吨。

木文化　GB/T 18107《红木》标准规定的黑酸枝木类，刀状黑黄檀的傍管带状薄壁组织较宽较密，在木材弦切面上呈"刀状"花纹而得名。其花纹与铁刀木的鸡翅纹又十分相似，所以在宏观下很多人会将其鉴定为铁刀木。然而，铁刀木在《红木》标准中属鸡翅木类。同时，刀状黑黄檀为蝶形花科木材，铁刀木为苏木科木材。

木材宏观特征　心边材区别明显，心材栗褐色，常具深浅相间条纹。散孔材，部分管孔内含树胶。轴向薄壁组织主要为同心式波浪带状。木材新切面具酸臭气味，板面具明显的山水纹或鸡翅纹。木材具光泽。

左
刀状黑黄檀
宏观横切面

右
刀状黑黄檀
实木

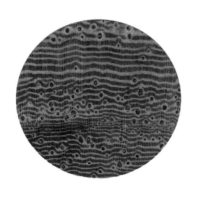

木材微观特征　单管孔，少数2～3个径列复管孔及管孔团。导管分子单穿孔，管间纹孔式互列。轴向薄壁组织带状，宽4～8个细胞，少见翼状，具分室含晶细胞，内含菱形晶体8个或以上。导管分子、木纤维、轴向薄壁组织、木射线均叠生。单列射线甚少；多列射线宽2细胞，稀3细胞，高5～10细胞。射线组织同形单列及多列。

左
刀状黑黄檀
微观横切面

右
刀状黑黄檀
微观弦切面

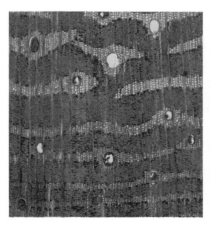
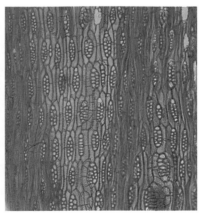

鉴别要点与相似树种

（1）鉴别要点：心边材区别明显，心材栗褐色，常具深浅相间条纹。轴向薄壁组织主要为同心式波浪带状。单列射线甚少；多列射线宽2

细胞，稀3细胞，高5～10细胞。射线组织同形单列及多列。木材新切面具酸臭气味，板面具明显的山水纹或鸡翅纹。

（2）相似树种：白花崖豆木 *Millettia leucantha* Kurz。

蝶形花科崖豆藤属。别名：鸡翅木、缅甸鸡翅木、紫鸡翅、黑鸡翅。落叶大乔木，树高达20m，胸径达1.0m。主产缅甸、泰国等东南亚国家。GB/T 18107《红木》鸡翅木类；一类木材。

心边材区别明显，心材栗褐色或黑褐色，具黑色线状条纹。散孔材。轴向薄壁组织傍管宽带状，带宽4～9细胞。单列射线少，多列射线宽2～3细胞，高9～19细胞。射线组织同形单列及多列。木材具光泽，弦切面鸡翅状花纹明显。

白花崖豆木与刀状黑黄檀极为相似，均产自东南亚国家，均为GB/T 18107《红木》标准的树种，木材宏观构造特征、气干密度甚至木材市场价格也很接近。比较明显的差异是，白花崖豆木的木射线明显高于刀状黑黄檀。所以，鉴别时要认真、仔细地研判。

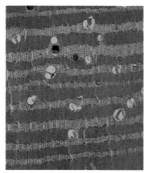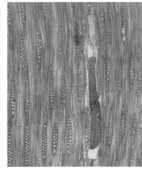

左
白花崖豆木
宏观横切面

中
白花崖豆木
微观横切面

右
白花崖豆木
微观弦切面

材性及用途　气干密度0.89～1.14g/cm³。强度高，硬度大，切削稍难，但切面光滑。宜用于制作宝座、官帽椅、床类、凉席、顶箱柜、沙发、餐桌、书桌等高级仿古典工艺家具及手镯、人物或动物肖像工艺品等。

2.23　阔叶黄檀 *Dalbergia latifolia* Roxb.

英文名称　Rosewood。

商品名或别名 黑酸枝木，印尼玫瑰木，印尼黑木，广叶黄檀，油酸枝。

科属名称 蝶形花科，黄檀属。

树木性状及产地 落叶大乔木，树高达43m，胸径达1.5m。主产印度、印度尼西亚。

珍贵等级 CITES附录Ⅱ监管物种；GB/T 18107《红木》黑酸枝木类；特类木材。

市场参考价格 1.5万～2.5万元/吨。

木文化 阔叶黄檀心材材色多变，浅金褐色、黑褐色、紫褐或深紫红色，常有较宽但相距较远的紫黑色条纹；木屑酒精或浸水浸出液有明显紫色调；新伐木材有一股难闻的酸臭气味。这些均为阔叶黄檀显著的特征。

木材宏观特征 心边材区别明显，心材材色变异很大，浅金褐色、黑褐色、紫褐或深紫红色，常有较宽但相距较远的紫黑色条纹；边材浅黄白色。散孔材。管孔肉眼下略明显，部分管孔内含浅色沉积物。轴向薄壁组织为断续短带状、翼状及轮界状。波痕放大镜下可见。

左
阔叶黄檀
宏观横切面

右
阔叶黄檀
实木

木材微观特征 单管孔，少数2～4个径列复管孔及管孔团。部分管孔内具树胶状沉积物。导管分子单穿孔，管间纹孔式互列。导管分子、木纤维、轴向薄壁组织、木射线均叠生。轴向薄壁组织带状（宽3～5细胞）、翼状、聚翼状。具分室含晶细胞，内含菱形晶体可达8个以上。单列射线甚少；多列射线宽2～4细胞，高多为7～10细胞。射线组织同形单列及多列，稀异形Ⅲ型。

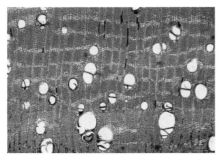 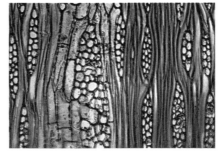

鉴别要点与相似树种

（1）鉴别要点：心材材色变异很大，浅金褐色、黑褐色、紫褐或深紫红色，常有较宽但相距较远的紫黑色条纹。轴向薄壁组织为断续短带状、翼状及轮界状。单列射线甚少，多列射线宽2～4细胞。射线组织同形单列及多列，稀异形Ⅲ型。

（2）相似树种：阔变豆 *Platymiscium* sp.。

蝶形花科阔变豆属。别名：南美酸枝、南美白酸枝。落叶大乔木，树高达30m，胸径达40cm。主产巴西、苏里南等南美洲热带国家。

心边材区别明显，心材红色或红褐色，有黑色或红紫色条纹。散孔材；管孔在肉眼下可见。轴向薄壁组织翼状、聚翼状以及轮界状。单列射线少，多列射线宽2～3细胞，高5～15细胞。射线组织同形单列及多列。

阔变豆与阔叶黄檀的区别主要在于材色及轴向薄壁组织。阔叶黄檀心材材色变异很大，浅金褐色、黑褐色、紫褐或深紫红色，常有较宽但相距较远的紫黑色条纹；阔变豆心材红色或红褐色，有黑色或红紫色条纹。阔叶黄檀轴向薄壁组织为断续短带状、翼状及轮界状，而阔变豆轴向薄壁组织为翼状、聚翼状及轮界状。

 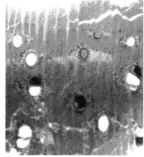 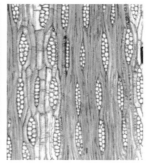

濒危与珍贵
木材鉴别

气干密度0.81～0.86g/cm³。强度高，硬度大，切削稍难，但切面光滑。宜用于制作宝座、官帽椅、床类、凉席、顶箱柜、沙发、餐桌、书桌等高级仿古典工艺家具及手镯、人物或动物肖像工艺品等。

2.24　卢氏黑黄檀 *Dalbergia louvelii* R. Viguler

英文名称　Bois de Rosewood。

商品名或别名　黑酸枝木，大叶檀，大叶紫檀。

科属名称　蝶形花科，黄檀属。

树木性状及产地　落叶乔木，树高达15m，胸径达40cm。主产马达加斯加。

珍贵等级　CITES附录Ⅱ监管物种；GB/T 18107《红木》黑酸枝木类；特类木材。

市场参考价格　6.5万～9万元/吨。

木文化　国内某企业于1996年前后从印度人手里买进一批"印度小叶紫檀"，当作檀香紫檀在国内市场销售。但红木家具厂用此批木材制造红木家具后，因其质量达不到紫檀木家具的效果而对该木种产生怀疑。为了弄清该批木材的真实情况，国内相关单位通过深入调查，证实此货源来自马达加斯加。后来，马达加斯加政府有关部门行文说明，该国出口到中国及其他国家的此种木材为卢氏黑黄檀。至此，长达五年之久的卢氏黑黄檀假冒檀香紫檀风波终于平息。但由于卢氏黑黄檀的材色、结构和密度确实与檀香紫檀十分相似，也可能出于商业炒作的原因，市场上将卢氏黑黄檀误称为"大叶紫檀"。

值得注意的是，马达加斯加有一种木材叫海岸黄檀（*Dalbergia maritime* R.Viguier）。它与卢氏黑黄檀同属于一种商品材名，外观亦近似，但木材性能却比卢氏黑黄檀差些。有的木材商把这两种木材混在一起出售，红木家具生产厂家进料时需警惕。

木材宏观特征　心边材区别明显，心材新切面橘红色，久则转为深紫色或黑紫色，常具深浅相间条纹。散孔材。管孔在肉眼下可见至略明显；管孔内含深色或白色的内含物。轴向薄壁组织呈规则的同心带状。酸香气微弱，纹理交错，结构细而匀，有局部卷曲。

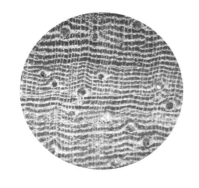

左
卢氏黑黄檀
宏观横切面

右
卢氏黑黄檀
实木

木材微观特征 单管孔，少数2～3个径列复管孔。部分管孔内含树胶。导管分子单穿孔，管间纹孔式互列。轴向薄壁组织主要为带状，宽1～2细胞。导管分子、木纤维、轴向薄壁组织、木射线均叠生。木射线单列（偶成对），高2～11细胞。射线组织同形单列。

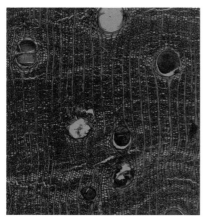
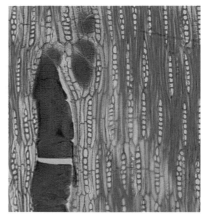

左
卢氏黑黄檀
微观横切面

右
卢氏黑黄檀
微观弦切面

鉴别要点与相似树种

（1）鉴别要点：心边材区别明显，心材新切面橘红色，久则转为深紫色或黑紫色，常具深浅相间条纹。管孔内含深色或白色的内含物。轴向薄壁组织多为带状，宽1～2细胞。射线组织同形单列。

（2）相似树种：檀香紫檀 *Pterocarpus santalinus* L. F.。

蝶形花科紫檀属。别名：紫檀木、金星紫檀、牛毛纹紫檀、小叶紫

濒危与珍贵
木材鉴别

檀。乔木，树高可达20m，胸径达50cm。原产印度。

卢氏黑黄檀与檀香紫檀的主要区别如下。卢氏黑黄檀为蝶形花科黄檀属木材，而檀香紫檀蝶形花科紫檀属木材。卢氏黑黄檀原产非洲马达加斯加，而檀香紫檀原产亚洲印度。卢氏黑黄檀管孔在肉眼下可见至略明显；管孔内含深色或白色的内含物；檀香紫檀管孔略小，肉眼下不明显，导管富含红色或紫色树胶。卢氏黑黄檀轴向薄壁组织多为带状，宽1～2细胞；而檀香紫檀轴向薄壁组织为带状（宽1～3细胞）、翼状、聚翼状。

材性及用途 气干密度约0.95g/cm³。强度高，硬度大，切削稍难，但切面光滑。宜用于制作宝座、官帽椅、床类、凉席、顶箱柜、沙发、餐桌、书桌等高级仿古典工艺家具及手镯、人物或动物肖像工艺品等。

2.25 东非黑黄檀 *Dalbergia melanoxylon* Guill. ex Perr.

英文名称 African Blackwood。

商品名或别名 黑酸枝，非洲黑檀，紫光檀，一级黑檀，乌木，犀牛角紫檀。

科属名称 蝶形花科，黄檀属。

树木性状及产地 小乔木至乔木，树高达5～9m，胸径达50～60cm。主产坦桑尼亚、莫桑比克、肯尼亚、塞内加尔、乌干达、安哥拉、尼日利亚等非洲热带国家。

珍贵等级 CITES附录II监管物种；GB/T 18107《红木》黑酸枝木类；一类木材。

市场参考价格 1万～1.3万元/吨。

木文化 东非黑黄檀的树木其貌不扬，个子矮且树干多扭曲呈"S"形，灰色的树皮多不规则隆起并翘曲开裂。原木不仅外形丑陋，而且也常有中空的现象，出材率不高，高端家具出材率仅为6%～8%。然而，东非黑黄檀是一种个性鲜明的木材，材色黝黑，材色略浅之处，丝丝游动的黑色条纹若隐若现，含蓄而不张扬。从感官上更接近古代乌木的细腻，所以进口商往往把东非黑黄檀当作"乌木"或"黑檀"进口。东非黑黄檀木材密度很大、质地极细密、管孔小而少，抛光后光泽度极佳，精加工的木材在视觉和触觉上有所谓如玉质或犀牛角的感觉。其木材在白纸上能划出黑褐色痕迹，水溶液可浸出呈茶褐色的色素，酒精可浸出黑褐略带紫色的色素，故有人称之为"紫光檀"。

木材宏观特征 心边材区别明显，心材暗紫褐色至近黑色，带黑条纹，边材浅黄色。散孔材，管孔小而少。轴向薄壁组织在放大镜下呈断续细线状及翼状。木材具光泽，纹理通常直，结构甚细。

左
东非黑黄檀
宏观横切面

右
东非黑黄檀
实木

木材微观特征 单管孔及2～3个径列复管孔，富含深褐色树胶和粉质白色内含物。导管分子单穿孔，管间纹孔式互列。轴向薄壁组织翼状、聚翼状、环管状、细弦线状（宽1细胞）。木射线略叠生；单列射线较多，多数高4～7细胞；多列射线宽2细胞，高5～13细胞。射线组织同形单列及多列，稀异形Ⅲ型。

濒危与珍贵
木材鉴别

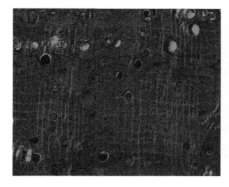
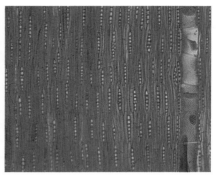

鉴别要点与相似树种

（1）鉴别要点：心边材区别明显，心材暗紫褐色至近黑色，带黑条纹。管孔富含深褐色树胶和粉质白色内含物。轴向薄壁组织翼状、聚翼状、细弦线状（宽1细胞）。木射线略叠生；单列射线较多。射线组织同形单列及多列，稀异形Ⅲ型。木材很重，具光泽性强，结构甚细。

（2）相似树种：乌木*Diospyros ebenum* Koenig。

柿科柿属。别名：锡兰乌木、印度乌木、黑木、乌梅。乔木，树高达18m，胸径达60cm。主产印度、斯里兰卡、缅甸等国家。

东非黑黄檀与乌木的区别如下。东非黑黄檀为蝶形花科黄檀属木材；乌木为柿科柿属木材。东非黑黄檀主产热带非洲国家；乌木主产热带亚洲国家。东非黑黄檀心材暗紫褐色至近黑色，带黑条纹；乌木心材黑褐色或紫黑色，无黑色条纹。东非黑黄檀轴向薄壁组织翼状、聚翼状、细弦线状；乌木轴向薄壁组织星散-聚合状或离管窄带状，与木射线交叉成网状。东非黑黄檀木射线略叠生，单列射线及2列射线，射线组织同形单列及多列，稀异形Ⅲ型；乌木木射线非叠生，全单列射线，射线组织异形单列。

材性及用途　气干密度1.00～1.32g/cm³。强度高，硬度大，切削稍难，但切面光滑。宜用于制作宝座、官帽椅、床类、顶箱柜、沙发、餐桌、书桌等仿古典家具及手镯、人物或动物肖像工艺品等。

2.26　伯利兹黄檀 *Dalbergia stevensonii* Tandl

英文名称　Honduras Rosewood。

商品名或别名　黑酸枝木，洪都拉斯玫瑰木，南美黄花梨，大叶黄花梨。

科属名称　蝶形花科，黄檀属。

树木性状及产地　落叶乔木。树高达30m，胸径达90cm。主产伯利兹。

珍贵等级　CITES附录Ⅱ监管物种；GB/T 18107《红木》黑酸枝木类；特类木材。

市场参考价格　1.5万～2万元/吨。

木文化　由于伯利兹黄檀心材材色变化较大，浅红褐色、黑褐色或紫褐色，并有深浅相间的条纹，所以有商家精选一些材色较浅、纹理非常精美的料来冒充大叶黄花梨，也有商家精选一些材色较深、纹理非常精美的料来冒充巴里黄檀。其实，这两种做法都降低了伯利兹黄檀的身价。

木材宏观特征　心边材区别明显，心材材色变化较大，浅红褐色、红褐色或紫红褐色，具深浅相间条纹，边材浅褐色。散孔材至半环孔材。管孔放大镜下明显，数略少、略小，部分管孔内含深色树胶。轴向薄壁组织环管状、翼状、带状及轮界状。木材具光泽，新鲜切面略具酸香气。

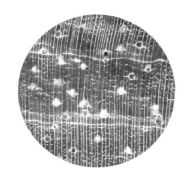
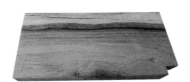

左
伯利兹黄檀
宏观横切面

右
伯利兹黄檀
实木

木材微观特征　单管孔及径列复管孔（多数为2～4个），少数管孔团。部分导管含树胶。导管分子单穿孔，管间纹孔式互列。轴向薄壁组织疏环管状、翼状、聚翼状、星散-聚合状、带状（宽1～2细胞，不连续）及轮界状。导管分子、木纤维、轴向薄壁组织、木射线均叠生。单列射线，高4～11细胞。多列射线宽2（偶3）细胞，高6～13细胞。射线组织同形单列及多列。

左
伯利兹黄檀
微观横切面

右
伯利兹黄檀
微观弦切面

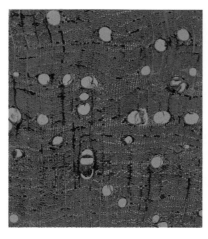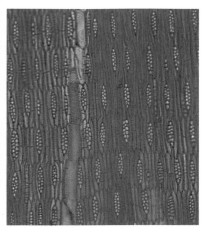

鉴别要点与相似树种

（1）鉴别要点：心边材区别明显，心材材色变化较大，浅红褐色、红褐色或紫红褐色，具深浅相间条纹。散孔材至半环孔材。管孔略少、略小。轴向薄壁组织疏环管状、翼状、聚翼状、星散-聚合状、带状（宽1～2细胞，不连续）及轮界状。射线组织同形单列及多列。

（2）相似树种：降香黄檀*Dalbergia odorifera* T. Chen。

蝶形花科黄檀属。别名：香枝木、海南黄花梨、降香檀、花梨母。

心边材区别明显，心材红褐至深红褐色或紫红褐色，具深褐色或紫黑色条纹。散孔材至半环孔材；管孔数少，肉眼下可见至略明显；管孔内具红褐或黑褐色树胶。轴向薄壁组织星散-聚合状、翼状、傍管带状（宽1～3细胞）。木射线单列较少；多列射线宽2～3细胞，高5～10细胞，细胞近圆形。射线组织同形单列或多列。

伯利兹黄檀与降香黄檀最显著的区别如下。降香黄檀木材具浓郁辛辣香气，伯利兹黄檀木材略具酸香气味。其他特征均十分相似，常有不法商贩以伯利兹黄檀冒充降香黄檀（黄花梨），尤其是做旧的仿古家具。应注意细致观察鉴别。

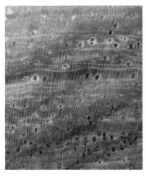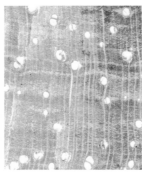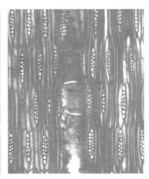

材性及用途　气干密度0.93～1.19g/cm³。强度高，硬度大，切削稍难，但切面光滑。宜用于制作宝座、官帽椅、床类、凉席、顶箱柜、沙发、餐桌、书桌等高级仿古典工艺家具及手镯、人物或动物肖像工艺品等。

2.27　交趾黄檀 *Dalbergia cochinchinensis* Pierre ex Laness

英文名称　Siam Rosewood。

商品名或别名　红酸枝木，老酸枝，大红酸枝，老挝红酸枝。

科属名称　蝶形花科，黄檀属。

树木性状及产地　落叶大乔木，树高达30m，胸径达1.2m。主产越南、老挝、柬埔寨、泰国、缅甸、马来西亚、新加坡等东南亚热带国家。

珍贵等级　CITES附录Ⅱ监管物种；GB/T 18107《红木》红酸枝木类；特类木材。

市场参考价格　16万～28万元/吨。

木文化　相传郑和下西洋开拓海外贸易，船队在途经东南亚地区国家时，发现并收购当地一种木质非常重硬的木材作为垫船木运回我国。上岸后这些垫船木大量被丢弃在岸边，成为无人问津的废材。后来，岸边的百姓发现这些重硬的木材经过常年风吹雨打，材芯露出后没有腐烂霉变，

濒危与珍贵
木材鉴别

材色花纹又好看，而且还有淡淡的酸香味，于是纷纷用于家具制作。后来确认，这些重硬的木材就是交趾黄檀，称为"大红酸枝"。直至清朝，交趾黄檀成为宫廷、官商巨贾制作家具的重要木材，也是红木中珍稀名贵品种，是传统意义上的"红木""老酸枝"。

木材宏观特征　心边材区别明显，心材从浅红紫色到葡萄酒色，具深色或褐色条纹。散孔材至半环孔材。轴向薄壁组织傍管带状、环管状、翼状、带状。木材具光泽，纹理交错，结构细而均匀。

木材微观特征　单管孔，少数2～3个径列复管孔及管孔团。导管分子单穿孔，管间纹孔式互列。轴向薄壁组织傍管或离管带状（宽2～4细胞）、聚翼状及翼状。导管分子、木纤维、轴向薄壁组织、木射线均叠生。单列射线较多，多列射线宽2～3（多为2）细胞，高6～14细胞。射线组织同形单列及多列。

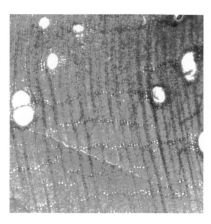
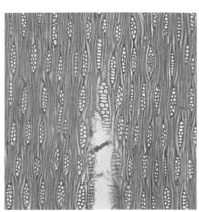

（1）鉴别要点：心边材区别明显，心材从浅红紫色到葡萄酒色，具深色或褐色条纹（黑筋）。散孔材至半环孔材。轴向薄壁组织傍管或离管带状（宽2～4细胞）、聚翼状及翼状。单列射线较多，多列射线宽2～3（多为2）细胞，射线组织同形单列及多列。

（2）相似树种：微凹黄檀 *Dalbergia retusa* Hesml.。

蝶形花科黄檀属。别名：红酸枝木、科库波洛、可可波罗、帕洛尼格罗。落叶乔木，树高达20m，直径60cm。主产巴拿马、墨西哥、危地马拉等中美洲热带国家。心边材区别明显，心材新切面为橘红色，久露大气中呈紫红褐色，常带黑色条纹。散孔材，管孔较少，放大镜下明显。轴向薄壁组织星散-聚合状、断续细线状（宽1细胞）、环管状及翼状。木射线变化较大，单列射线为主，稀2列射线。射线组织同形单列与多列。木材板面黑筋明显。

交趾黄檀与微凹黄檀的最大区别如下。交趾黄檀轴向薄壁组织傍管带状（宽2～4细胞）、聚翼状及翼状；微凹黄檀轴向薄壁组织星散-聚合状、断续细线状（宽1细胞）、环管状及翼状。交趾黄檀为散孔至半环孔材；微凹黄檀为散孔材，管孔略大而稀疏。

 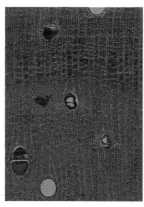 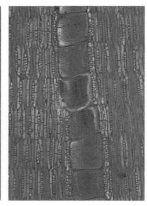

左
微凹黄檀
宏观横切面

中
微凹黄檀
微观横切面

右
微凹黄檀
微观弦切面

材性及用途 气干密度1.01～1.09g/cm³。硬度大，强度高，油漆、打蜡性能均佳。宜用于制作宝座、官帽椅、床类、凉席、顶箱柜、沙发、餐桌、书桌等高级仿古典工艺家具及手镯、人物或动物肖像工艺品等。

2.28　微凹黄檀 *Dalbergia retusa* Hesml.

英文名称　Cocobolo。

商品名或别名　红酸枝木，科库波洛，可可波罗，帕洛尼格罗。

科属名称　蝶形花科，黄檀属。

树木性状及产地　落叶乔木，树高达20m，胸径达60cm。主产巴拿马、墨西哥、哥斯达黎加、伯利兹、尼加拉瓜、洪都拉斯、危地马拉等美洲热带国家。

珍贵等级　CITES附录 II 监管物种；GB/T 18107《红木》红酸枝木类；特类木材。

市场参考价格　2.5万～4.5万元/吨。

木文化　微凹黄檀于2004年才开始少量进入我国市场，发展至今，微凹黄檀的材质表现力已被红木家具生产企业日渐认同，并制作成高档家具和乐器，所成器物极其高档。当地人把微凹黄檀称作King-wood，即帝王木。有两重意义，一是表明微凹黄檀材质超群，无与匹敌；二是因其高贵、稀有，在等级森严的南美洲当地，只有王室才能使用此材作器。刚刨切出来时，微凹黄檀为黄红色，很快氧化变成美丽的橙红色。木材带有较浓的酸香味，因其油性充足，其板面深色条纹明显（黑筋）。故不少商家常以微凹黄檀冒充交趾黄檀。

木材宏观特征　心边材区别明显，心材新切面为橘红色，久露大气中呈紫红褐色，常带黑色条纹。散孔材，管孔较少，放大镜下明显。薄壁组织环管状、翼状及带状。

左
微凹黄檀
宏观横切面

右
微凹黄檀
实木

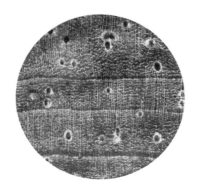

木材微观特征 单管孔，少数2～3个径列复管孔，内含树胶。导管分子单穿孔，管间纹孔式互列。轴向薄壁组织星散-聚合状、断续细线状（宽1细胞）、环管状及翼状。导管分子、木纤维、轴向薄壁组织、木射线均叠生。木射线变化较大，在同一块标本的不同处切片，一处几乎全为单列射线，而另一处则出现2列射线为主的现象。射线组织同形单列与多列。

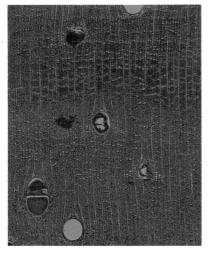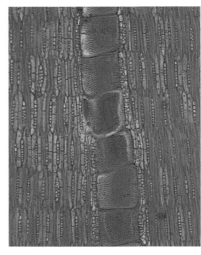

左
微凹黄檀
微观横切面

右
微凹黄檀
微观弦切面

鉴别要点与相似树种

（1）鉴别要点：心边材区别明显，心材新切面为橘红色，久露大气中呈紫红褐色，常带黑色条纹。散孔材，管孔稀少。轴向薄壁组织星散-聚合状、断续细线状（宽1细胞）。射线组织同形单列与多列。

（2）相似树种：交趾黄檀 *Dalbergia cochinchinensis* Pierre ex Laness。

蝶形花科黄檀属。别名：红酸枝木、老酸枝、大红酸枝、老挝红酸枝。落叶大乔木，树高可达30m，胸径达1.2m。主产越南、老挝、柬埔寨、泰国、缅甸等东南亚热带国家。

心边材区别明显，心材从浅红紫色到葡萄酒色，具深色或褐色条纹。散孔材至半环孔材。薄壁组织傍管或离管带状（宽2～4细胞）、聚翼状及翼状。单列射线较多，多列射线宽2～3（多为2）细胞，高6～14细胞。射线组织同形单列及多列。

交趾黄檀与微凹黄檀的最大区别如下。交趾黄檀轴向薄壁组织傍管

濒危与珍贵
木材鉴别

带状（宽2～4细胞）、聚翼状及翼状；微凹黄檀轴向薄壁组织星散-聚合状、断续细线状（宽1细胞）、环管状及翼状。交趾黄檀为散孔至半环孔材；微凹黄檀为散孔材，管孔略大而稀疏。

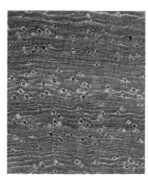 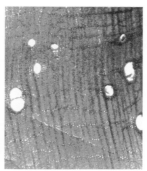 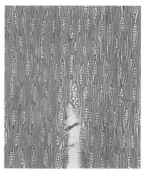

<u>材性及用途</u>　木材气干密度0.98～1.22g/cm³，强度高、硬度大。加工性能好，具光泽和油性感。宜用于制作宝座、官帽椅、床类、凉席、顶箱柜、沙发、餐桌、书桌等高级仿古典工艺家具及手镯、人物或动物肖像工艺品等。

2.29　巴里黄檀 *Dalbergia bariensis* Pierre.

<u>英文名称</u>　Asiatic Rosewood。

<u>商品名或别名</u>　红酸枝木，花枝，紫酸枝。

<u>科属名称</u>　蝶形花科，黄檀属。

<u>树木性状及产地</u>　落叶大乔木，树高达24 m，胸径达60cm。主产越南、泰国、柬埔寨、缅甸和老挝等东南亚热带国家。

<u>珍贵等级</u>　CITES附录Ⅱ监管物种；GB/T 18107《红木》红酸枝木类；特类木材。

<u>市场参考价格</u>　2.6万～4.5万元/吨。

<u>木文化</u>　奥氏黄檀与巴里黄檀，均为蝶形花科黄檀属木材，在GB/T 18107《红木》标准中归为红酸枝木类。这两种黄檀无论是构造特征、木材密度、市场价格或产地都十分相似，一般木材商及红木家具生产厂家很难将其区分出来。一般把产于缅甸瓦城和泰国的奥氏黄檀称为"白枝"；

而主产老挝、柬埔寨的巴里黄檀称为"花酸枝"或"花枝"。为区别交趾黄檀"老红木"，有人将奥氏黄檀和巴里黄檀称为"新红木"。

木材宏观特征　心边材区别明显，心材红褐色或紫红褐色，常具深色条纹。边材黄白色。散孔材或半环孔材。管孔内具树胶或沉积物。轴向薄壁组织数量多，主为傍管带状。横切面上轴向薄壁组织与木射线疏密、粗细近一致，网状结构明显；板面呈小鸡翅纹。

左
巴里黄檀
宏观横切面

右
巴里黄檀
实木

木材微观特征　单管孔，少数2～4个径列复管孔。部分管孔内具树胶状沉积物。导管分子单穿孔，管间纹孔式互列。轴向薄壁组织带状（多为2～4细胞）、聚翼状及翼状。导管分子、木纤维、轴向薄壁组织、木射线均叠生。单列射线数少，多列射线宽2～3细胞，高4～9细胞。射线组织同形单列或多列，稀异形Ⅲ型。

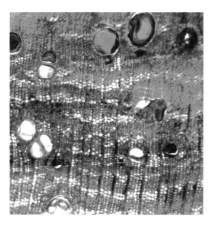
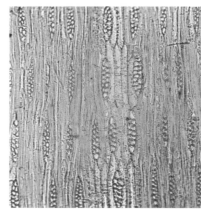

左
巴里黄檀
微观横切面

右
巴里黄檀
微观弦切面

鉴别要点与相似树种

（1）鉴别要点：心边材区别明显，心材红褐色或紫红褐色，常具深

濒危与珍贵
木材鉴别

色条纹。轴向薄壁组织带状、聚翼状及翼状；横切面上轴向薄壁组织与木射线互成网状结构。射线组织同形单列或多列，稀异形Ⅲ型。

（2）相似树种：奥氏黄檀*Dalbergia oliveri* Gamble。

蝶形花科黄檀属。别名：红酸枝木、白枝、白酸枝、缅甸酸枝。落叶大乔木，树高达25 m，胸径达2m。主产越南、泰国、柬埔寨、缅甸和老挝等国家。

心边材区别明显，心材红褐色或紫红褐色，常具深色条纹。散孔材或半环孔材。管孔内具树胶或沉积物。轴向薄壁组织带状（多为2～4细胞）、聚翼状及翼状。单列射线数少，多列射线宽2～3细胞，高4～9细胞。射线组织同形单列或多列，稀异形Ⅲ型。

巴里黄檀与奥氏黄檀的最大区别如下。巴里黄檀横切面上轴向薄壁组织与木射线互成网状结构比奥氏黄檀明显。其他特征十分相似，应注意细致鉴别。

左
奥氏黄檀
宏观横切面

中
奥氏黄檀
微观横切面

右
奥氏黄檀
微观弦切面

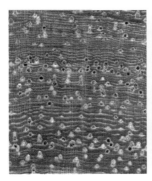

材性及用途 气干密度1.07～1.09g/cm³。硬度大，强度高，油漆、打蜡性能均佳。宜用于制作宝座、官帽椅、床类、凉席、顶箱柜、沙发、餐桌、书桌等高级仿古典工艺家具及手镯、人物或动物肖像工艺品等。

2.30 奥氏黄檀 *Dalbergia oliveri* Gamble

英文名称 Burma tulipwood。

商品名或别名　红酸枝木，白枝，白酸枝，缅甸酸枝。

科属名称　蝶形花科，黄檀属。

树木性状及产地　落叶大乔木，树高达25m，胸径达2m。主产越南、泰国、柬埔寨、缅甸和老挝等东南亚热带国家。

珍贵等级　CITES附录Ⅱ监管物种；GB/T 18107《红木》红酸枝木类；特类木材。

市场参考价格　2.6万～3.8万元/吨。

木材宏观特征　心边材区别明显，心材红褐色或紫红褐色，常具深色条纹。边材黄白色。散孔材或半环孔材。管孔内具树胶或沉积物。轴向薄壁组织数量多，主为傍管带状。横切面上轴向薄壁组织带宽明显大于木射线宽度，网状结构不明显，板面小鸡翅纹可见。

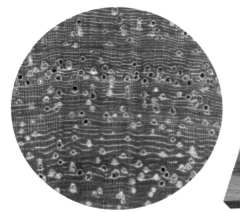

左
奥氏黄檀
宏观横切面

右
奥氏黄檀
实木

木材微观特征　单管孔，少数2～4个径列复管孔。部分管孔内具树胶状沉积物。导管分子单穿孔，管间纹孔式互列。轴向薄壁组织带状（多为2～4细胞）、聚翼状及翼状。导管分子、木纤维、轴向薄壁组织、木射线均叠生。单列射线数少，多列射线宽2～3细胞，高4～9细胞。射线组织同形单列或多列，稀异形Ⅲ型。

左
巴里黄檀
微观横切面

右
巴里黄檀
微观弦切面

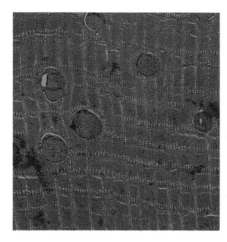

鉴别要点与相似树种

（1）鉴别要点：心边材区别明显，心材红褐色或紫红褐色，常具深色条纹。轴向薄壁组织带状、聚翼状及翼状；横切面上轴向薄壁组织与木射线所成网状结构不明显。射线组织同形单列或多列，稀异形Ⅲ型。

（2）相似树种：巴里黄檀*Dalbergia bariensis* Pierre.。

蝶形花科黄檀属。别名：红酸枝木，花枝，紫酸枝。落叶大乔木，树高达24m，胸径达60cm。主产越南、泰国、柬埔寨、缅甸和老挝等国家。

左
巴里黄檀
宏观横切面

中
巴里黄檀
微观横切面

右
巴里黄檀
微观弦切面

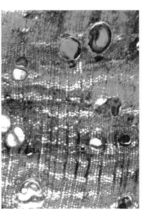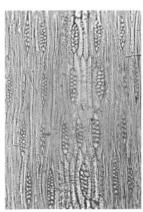

材性及用途 气干密度1.04～1.07g/cm³。硬度大，强度高，油漆、打蜡性能均佳。宜用于制作宝座、官帽椅、床类、凉席、顶箱柜、沙发、餐桌、书桌等高级仿古典工艺家具及手镯、人物或动物肖像工艺品等。

2.31　乌木 *Diospyros ebenum* Koenig

英文名称　Ebony。

商品名或别名　锡兰乌木，印度乌木，黑木，乌梅。

科属名称　柿科，柿属。

树木性状及产地　乔木，树高达18m，胸径达60cm。主产印度、斯里兰卡、缅甸等国家。

珍贵等级　GB/T 18107《红木》乌木类；特类木材。

市场参考价格　1.8万～2.5万元/吨。

木文化　柿属树木全世界约有200种，我国有64种。按照GB/T 18107《红木》标准，柿科柿属树种具黑褐色或乌黑色心材的木材称为"乌木"。《红木》标准所列的乌木树种，除厚瓣乌木主产热带西非外，其余各种均产自东南亚热带地区。但是大家熟悉的柿树（*D. kaki*），原产我国长江和黄河流域，现全国各地广为栽培。可是国产的柿树均不形成黑色的心材，所以都不算乌木。与此同时，国产柿树的木射线以2列为主，而乌木树种的木射线均为单列。此现象确实有点奇怪，原因有待研究。

木材宏观特征　心边材区别明显，心材黑褐色或紫黑色；边材灰白色。散孔材，管孔很细。轴向薄壁组织在肉眼下不明显。木射线放大镜下略见，具白色内含物。木材纹理斜、结构细。

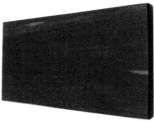

左
乌木
宏观横切面

右
乌木
实木

<u>木材微观特征</u>　单管孔，少数短径列复管孔。导管分子单穿孔，管间纹孔式互列。轴向薄壁组织星散-聚合状或离管窄带状，带宽1～2细胞；与木射线交叉成网状。木射线非叠生，单列射线（偶2列）高8～15细胞。射线组织异形单列。射线细胞、薄壁细胞内含丰富的菱形晶体和黑色树胶。

左
乌木
微观横切面

右
乌木
微观弦切面

<u>鉴别要点与相似树种</u>

（1）鉴别要点：心边材区别明显，心材黑褐色或紫黑色。轴向薄壁组织星散-聚合状或离管窄带状，带宽1～2细胞。轴向薄壁组织与木射线交叉成网状。单列射线（偶2列）。射线组织异形单列。

（2）相似树种：东非黑黄檀 *Dalbergia melanoxylon* Guill. ex Perr.。

蝶形花科黄檀属。别名：黑酸枝、非洲黑檀、紫光檀。小乔木至乔木，树高达9m，胸径达60cm。主产坦桑尼亚、莫桑比克、尼日利亚等非洲热带国家。

心边材区别明显，心材暗紫褐色至近黑色，带黑条纹。散孔材，管孔小而少。轴向薄壁组织翼状、聚翼状、环管状、细弦线状（宽1细胞）。

东非黑黄檀与乌木区别如下。东非黑黄檀为蝶形花科黄檀属木材；乌木为柿科柿属木材。东非黑黄檀轴向薄壁组织翼状、聚翼状、环管状、细弦线状；乌木轴向薄壁组织星散-聚合状或离管窄带状，轴向薄壁组织与木射线交叉成网状。东非黑黄檀木射线略叠生；单列射线与2列射线共存，射线组织同形单列及多列，稀异形Ⅲ型；乌木单列射线（偶2列），射线组织异形单列。

  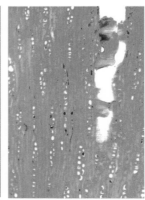

左
东非黑黄檀
宏观横切面

中
东非黑黄檀
微观横切面

右
东非黑黄檀
微观弦切面

材性及用途　气干密度0.85～1.17g/cm³。加工性能好，切面具黑色光泽和油性感。宜用于制作官帽椅、皇宫椅、沙发、茶台等高级仿古典工艺家具及手镯、人物或动物肖像工艺品等。

2.32　苏拉威西乌木 *Diospyros celehica* Bakh.

英文名称　Macassar Ebony。

商品名或别名　条纹乌木，乌云木，乌纹木，印尼黑檀。

科属名称　柿科，柿属。

树木性状及产地　常绿大乔木，树高达40m，枝下高达20m，胸径达1m。主产印度尼西亚苏拉威西岛。

珍贵等级　GB/T 18107《红木》条纹乌木类；特类木材。

市场参考价格　4.5万～5.5万元/吨。

木文化　条纹乌木类是由于某些柿属木材的板面带黑色或栗褐色条纹之故。苏拉威西乌木所分布的苏拉威西岛，终年干旱，雨水较少，树木生长环境极为恶劣，这就是其心材颜色不如其他乌木树种那样乌黑的主要原因，也就进一步说明"乌木"的形成与柿树生长环境的热量、雨量和土壤有很大关系。

濒危与珍贵
木材鉴别

木材宏观特征　心边材区别明显，心材黑色或巧克力色，具有深浅相间的条纹；边材红褐色或灰褐色。散孔材。管孔放大镜下明星；略少、略小。生长轮不明显。轴向薄壁组织肉眼下不明显。木射线放大镜下略见，内含白色内含物。

左
苏拉威西乌木
宏观横切面

右
苏拉威西乌木
实木

木材微观特征　主为单管孔，少数短径列复管孔，部分管孔内含树胶。导管分子单穿孔，管间纹孔式互列。轴向薄壁组织主为离管带状（宽多1～2细胞）。木射线非叠生，单列射线（偶2列），高10～18细胞，细胞长方形。射线组织异形单列。直立或方形细胞比横卧细胞高。射线细胞内含丰富的菱形晶体及树胶。

左
苏拉威西乌木
微观横切面

右
苏拉威西乌木
微观弦切面

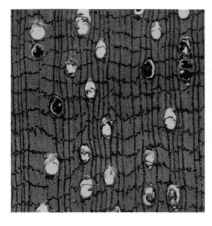
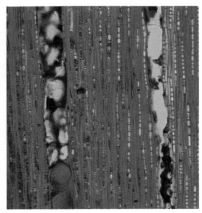

鉴别要点与相似树种

（1）鉴别要点：心边材区别明显，心材黑色或巧克力色，具有深浅相间的条纹。部分管孔内含树胶。轴向薄壁组织主为离管带状。射线组织异形单列。直立或方形细胞比横卧细胞高。

（2）相似树种：非洲螺穗木 *Spirostachys africana* Sond。

大戟科螺穗木属。别名：非洲檀香、非洲奶香木。落叶或半落叶乔木，树高达18m，胸径达40cm。分布于东非、非洲西南部及南非热带地区。

心边材区别明显，心材深褐色，具黑色条纹；边材色浅。生长轮略明显。散孔材；管孔小而不明显，大部分心材管孔含黑褐色树胶。单管孔及2～7个径列复管孔，少数管孔团。导管分子单穿孔，管间纹孔式互列。轴向薄壁组织呈不规则、断续的切线状或星散-聚合状。木射线非叠生；射线单列（偶2列），高7～25细胞。射线组织同形及少数异形Ⅲ型。

非洲螺穗木与苏拉威西乌木区别是：非洲螺穗木心材深褐色，具黑色条纹；苏拉威西乌木心材黑色或巧克力色，具有深浅相间的条纹。非洲螺穗木射线组织多为同形单列及少数为异形Ⅲ型；苏拉威西乌木射线组织异形单列。其余特征十分相似，注意仔细鉴别。

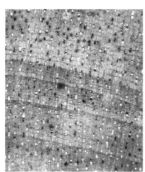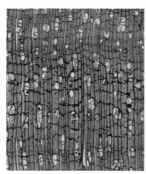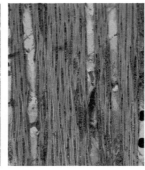

左
非洲螺穗木
宏观横切面

中
非洲螺穗木
微观横切面

右
非洲螺穗木
微观弦切面

材性及用途 气干密度1.01～1.09g/cm³。强度高，硬度大，切削稍难，但切面光滑。宜用于制作宝座、官帽椅、床类、凉席、顶箱柜、沙发、餐桌、书桌等高级仿古典工艺家具及手镯、人物或动物肖像工艺品等。

2.33 非洲崖豆木 *Millettia laurentii* De Wild

英文名称 Wenge。

商品名或别名 鸡翅木，非洲黑鸡翅，非洲大鸡翅。

科属名称 蝶形花科，崖豆藤属。

濒危与珍贵
木材鉴别

树木性状及产地　大乔木，树高达29m，胸径达1.0m。主产刚果（金）、喀麦隆、刚果（布）、加蓬等中非热带国家。

珍贵等级　GB/T 18107《红木》鸡翅木类；一类木材。

市场参考价格　5 000～6 000元/m³。

木文化　因为崖豆木的轴向薄壁组织为傍管宽带状，带宽几乎与木纤维带宽相等，且两者颜色区别明显，在木材弦切面上形成一种形似"鸡翅膀"状的花纹而得名"鸡翅木"；由于非洲崖豆木产自热带非洲国家，所以，市场上将其称为"非洲鸡翅木"。

木材宏观特征　心边材区别明显，心材黑褐色，具黑色线状条纹。边材浅黄色。散孔材。管孔略少、略大，肉眼下略明显。轴向薄壁组织呈规则的同心宽带状。木材弦切面鸡翅状花纹明显。

左
非洲崖豆木
宏观横切面

右
非洲崖豆木
实木

木材微观特征　单管孔，少数2～3个径列复管孔。导管分子单穿孔，管间纹孔式互列。轴向薄壁组织傍管宽带状，带宽5～10细胞。导管分子、木纤维、轴向薄壁组织、木射线均叠生。单列射线少，多列射线宽3～5细胞，多数高9～19细胞。具连接射线。射线组织同形单列及多列。

左
非洲崖豆木
微观横切面

右
非洲崖豆木
微观弦切面

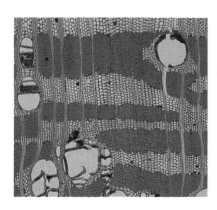 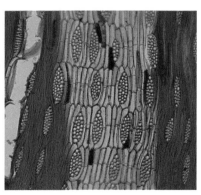

（1）鉴别要点：心边材区别明显，心材黑褐色，具黑色线状条纹。轴向薄壁组织傍管宽带状，带宽5～10细胞。木材弦切面鸡翅状花纹明显。

（2）相似树种：白花崖豆木 *Millettia leucantha* Kurz。

蝶形花科崖豆藤属。别名：鸡翅木、缅甸鸡翅木、紫鸡翅、黑鸡翅。落叶大乔木，树高达20m，胸径达1.0m。主产缅甸、泰国等东南亚国家。心边材区别明显，心材栗褐色或黑褐色，具黑色线状条纹。轴向薄壁组织傍管宽带状，带宽4～9细胞。单列射线少，多列射线宽2～3细胞，高9～19细胞。射线组织同形单列及多列。

非洲崖豆木与白花崖豆木的主要区别是：非洲崖豆木多列射线宽3～5细胞；白花崖豆木多列射线宽2～3细胞。其余特征十分相似，注意仔细鉴别。

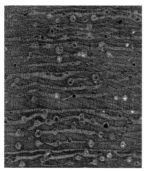 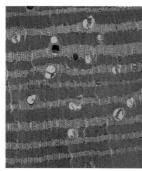 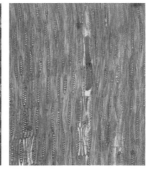

左
白花崖豆木
宏观横切面

中
白花崖豆木
微观横切面

右
白花崖豆木
微观弦切面

材性及用途　气干密度0.80～0.85g/cm³。强度、硬度大；加工性能好，鸡翅状花纹明显而美丽。宜用于制作官帽椅、圈椅、床类、顶箱柜、沙发、餐桌、书桌等高级仿古典工艺家具及人物或动物肖像工艺品等。

2.34　白花崖豆木 *Millettia leucantha* Kurz

英文名称　Thinwin。

商品名或别名　鸡翅木，缅甸鸡翅木，紫鸡翅，黑鸡翅。

科属名称　蝶形花科，崖豆藤属。

树木性状及产地　落叶大乔木，树高达20m，胸径达1.0m。主产缅甸、泰国等东南亚热带国家。

珍贵等级　GB/T 18107《红木》鸡翅木类；一类木材。

市场参考价格　1.2万～1.5万元/吨。

木文化　崖豆木俗称"鸡翅木"，是因木材中的轴向薄壁组织呈粗细不均的宽带状，带宽几乎与木纤维带宽相等，且两者颜色区别明显，在木材弦切面上形成一种形似"鸡翅膀"状的花纹而得名。由于白花崖豆木主产缅甸、泰国，市场上称为缅甸鸡翅木，以与非洲崖豆木区分开来。

木材宏观特征　心边材区别明显，心材栗褐色或黑褐色，具黑色线状条纹；边材浅黄色。散孔材。轴向薄壁组织为傍管宽带状，翼状、环管状可见。木材具光泽，弦切面鸡翅状花纹明显。

木材微观特征　单管孔，少数2～3个径列复管孔。导管分子单穿孔，管间纹孔式互列。轴向薄壁组织傍管宽带状，带宽4～9细胞。导管分子、木纤维、轴向薄壁组织、木射线均叠生。单列射线少，多列射线宽2～3细胞，高9～19细胞。射线组织同形单列及多列。

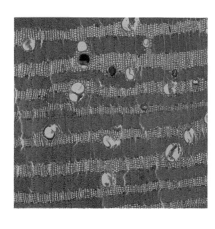
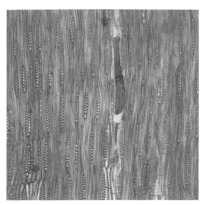

（1）鉴别要点：心边材区别明显，心材栗褐色或黑褐色，具黑色线状条纹。轴向薄壁组织傍管宽带状，带宽4～9细胞。多列射线宽2～3细胞，高9～19细胞。射线组织同形单列及多列。木材弦切面鸡翅状花纹明显。

（2）相似树种：非洲崖豆木 *Millettia laurentii* De Wild。

蝶形花科崖豆藤属。别名：鸡翅木、非洲黑鸡翅、非洲大鸡翅。大乔木，树高达29m，胸径达1.0m。主产刚果（金）、喀麦隆、刚果（布）、加蓬等中非热带国家。

心边材区别明显，心材黑褐色，具黑色线状条纹。轴向薄壁组织傍管宽带状，带宽5～10细胞。单列射线少，多列射线宽3～5细胞。

非洲崖豆木与白花崖豆木的主要区别是：非洲崖豆木多列射线宽3～5细胞；白花崖豆木多列射线宽2～3细胞。其余特征十分相似，注意仔细鉴别。

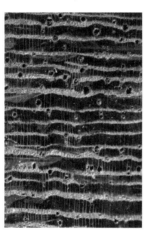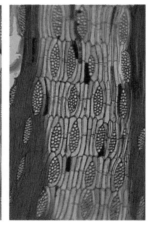

左
非洲崖豆木
宏观横切面

中
非洲崖豆木
微观横切面

右
非洲崖豆木
微观弦切面

材性及用途　气干密度0.90～1.02g/cm³。强度、硬度大；加工性能好，鸡翅状花纹明显而美丽。宜用于制作官帽椅、圈椅、床类、顶箱柜、沙发、餐桌、书桌等高级仿古典工艺家具及人物或动物肖像工艺品等。

2.35　斯图崖豆木 *Millettia stuhlmannii* Taub.

英文名称　Panga-panga。

商品名或别名 鸡翅木，黄鸡翅，番加鸡翅，非洲小鸡翅。

科属名称 蝶形花科，崖豆藤属。

树木性状及产地 大乔木，树高达21m，胸径达1.2m。主产坦桑尼亚、莫桑比克等非洲热带国家。

珍贵等级 一类木材。

市场参考价格 3 500～5 500元/m³。

木文化 斯图崖豆木的板材材面上有一种特殊的鹌鹑鸡羽毛花纹，十分漂亮，而颜色又偏黄，因此市场上称其为"黄鸡翅"。

木材宏观特征 心边材区别明显，心材黄褐色至巧克力咖啡色，具细密的深浅相间细纹。散孔材。轴向薄壁组织傍管带状。木材具光泽，板面上鸡翅纹明显。

左
斯图崖豆木
宏观横切面

右
斯图崖豆木
实木

木材微观特征 单管孔，极少数2～3个径列复管孔。部分管孔内含树胶。导管分子单穿孔，管间纹孔式互列。轴向薄壁组织傍管宽带状，宽9～15细胞，少数环管束状、翼状。导管分子、木纤维、轴向薄壁组织、木射线均叠生。单列射线少；多列射线宽3～4细胞，高10～13细胞。射线组织同形单列及多列。

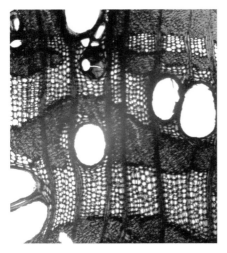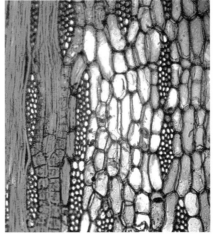

左
斯图崖豆木
微观横切面

右
斯图崖豆木
微观弦切面

鉴别要点与相似树种

（1）鉴别要点：心边材区别明显，心材黄褐色至巧克力咖啡色，具细密的深浅相间细纹。轴向薄壁组织傍管宽带状，宽9～15细胞，薄壁组织带宽度比其他崖豆木种类都要宽。多列射线宽3～4细胞。射线组织同形单列及多列。

（2）相似树种：铁刀木*Senna siamea* Lam.。

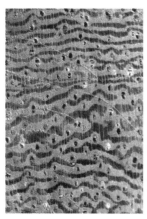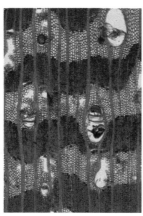

左
铁刀木
宏观横切面

中
铁刀木
微观横切面

右
铁刀木
微观弦切面

材性及用途 气干密度约0.90g/cm³。硬度高，强度中。板面鸡翅状花纹明显而美丽。宜用于制作官帽椅、圈椅、床类、顶箱柜、沙发、餐桌、书桌等高级仿古典工艺家具及人物或动物肖像工艺品等。

2.36　铁刀木 *Senna siamea* Lam.

英文名称　Siamese Senna。

商品名或别名　鸡翅木，挨刀树，黑心树，黄鸡翅，缅甸小鸡翅。

科属名称　苏木科，决明属。

树木性状及产地　常绿乔木，树高达20m，胸径达40cm。原产印度及缅甸、泰国、越南、马来西亚、印度尼西亚、菲律宾等东南亚热带国家。我国云南、广东、广西、海南、福建等省区有栽培。

珍贵等级　GB/T 18107《红木》鸡翅木类；二类木材。

市场参考价格　3 500～4 500元/m³。

木文化　由于该树的萌芽力强，云南西双版纳傣族村民常将此树截去干梢，任其萌芽，待其新的枝干达到一定大小后砍伐做薪炭材，如此反复利用，故称"挨刀树"。又因其材质坚硬刀斧难入而得名铁刀木。

木材宏观特征　心边材区别明显，心材黄褐色、栗褐色或黑褐色，具深浅相间的条纹；边材浅黄褐色。生长轮不明显。散孔材。管孔肉眼下可见至明显；常具沉积物。轴向薄壁组织傍管宽带状、聚翼状。木材弦切面"鸡翅状花纹"明显。

左
铁刀木
宏观横切面

右
铁刀木
实木

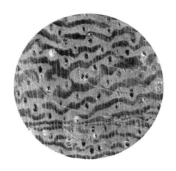

木材微观特征　单管孔，少数2～3个径列复管孔。部分管孔内含沉积物。导管分子单穿孔，管间纹孔式互列。轴向薄壁组织傍管宽带状（带宽5～10细胞）、聚翼状或轮界状；薄壁细胞内含菱形晶体，分室含晶细胞可多至40个以上。木射线非叠生。单列射线较少；多列射线宽2～3细胞，高5～10细胞。射线组织同形单列及多列，稀异形Ⅲ型。射线细胞内含丰富树胶。

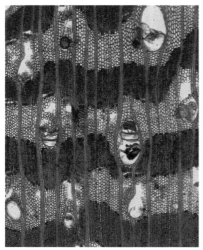 

左
铁刀木
微观横切面

右
铁刀木
微观弦切面

鉴别要点与相似树种

（1）鉴别要点：心边材区别明显，心材黄褐色、栗褐色或黑褐色，具深浅相间的条纹。轴向薄壁组织傍管宽带状（带宽5～10细胞）、聚翼状或轮界状。木射线非叠生。单列射线较少；多列射线宽2～3细胞。木材弦切面"鸡翅状花纹"明显。与崖豆木的最大区别是木射线非叠生，鸡翅状花纹不如崖豆木明显。

（2）相似树种：斯图崖豆木 *Millettia stuhlmannii* Taub.。

蝶形花科崖豆藤属。别名：鸡翅木、黄鸡翅、番加鸡翅、非洲小鸡翅。大乔木，树高达21m，胸径达1.2m。主产坦桑尼亚、莫桑比克等非洲热带国家。

心边材区别明显，心材黄褐色至巧克力咖啡色，具细密的深浅相间细纹。轴向薄壁组织傍管宽带状，宽9～15细胞，少数环管束状、翼状。多列射线宽3～4细胞，高10～13细胞。射线组织同形单列及多列。

斯图崖豆木与铁刀木的区别如下。斯图崖豆木轴向薄壁组织傍管宽带状，宽9～15细胞；铁刀木轴向薄壁组织傍管宽带状，带宽5～10细胞，不如斯图崖豆木薄壁组织带宽。斯图崖豆木木射线叠生，多列射线宽3～4

细胞，射线组织同形单列及多列；铁刀木木射线非叠生，多列射线宽2～3细胞，射线组织同形单列及多列，稀异形Ⅲ型。

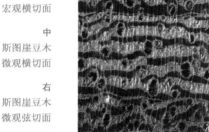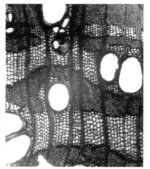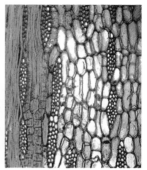

材性及用途　气干密度0.64～0.78g/cm³。强度、硬度大。加工性能好，鸡翅状花纹不如崖豆木明显。宜用于制作官帽椅、圈椅、床类、顶箱柜、沙发、餐桌、书桌等高级仿古典工艺家具及人物或动物肖像工艺品等。

2.37　沉香 *Aquilaria sinensis*(Lour.)Spreng.

英文名称　Eaglewood。

商品名或别名　白木香，土沉香，香牙树，女儿香，莞香，香材。

科属名称　瑞香科，沉香属。

树木性状及产地　常绿乔木，树高达25m，胸径达60cm。主产我国海南、广东、广西及台湾等省区。越南亦产。

珍贵等级　CITES附录Ⅱ监管物种；国家二级重点保护野生植物。

市场参考价格　根据结香数量、产地和品质，价格1万～1 000万元/kg。

木文化　沉香树在特定的环境下可以结成沉香，但不能说沉香树的木头就是沉香。沉香的形成需要有一定的外部环境，例如沉香树因自然衰老、风吹电击、人为损伤等因素，使树木倒伏深埋地下数十年甚至数百年的时间，经历微生物分解或昆虫蛀蚀等生物分解，而形成由木质部组织及其分泌物共同组成的天然混合物质，这才是真正的沉香。

木材宏观特征　心边材区别不明显，材色黄白或浅黄褐色，久露空气中材色变深，尤其充填树胶后变成黑褐色。散孔材。管孔小，放大镜下可见。岛屿型内含韧皮部多而大，肉眼下可见，放大镜下明显，横切面上常被误认为管孔。内含韧皮部是沉香木材最重要的特征。生长轮不明显。轴向薄壁组织不可见。木射线放大镜下明显。

左
沉香
宏观横切面

右
沉香
实木

木材微观特征 单管孔及2～3个径列复管孔。导管分子单穿孔，管间纹孔式互列。轴向薄壁组织稀疏环管状。内含韧皮部常数个弦列呈弯月形，底部可见白色的结晶体。木射线非叠生，单列及对列为主，稀2～3列，多数高5～10细胞，细胞方形而且较大。射线组织异形Ⅱ型及异形Ⅰ型。

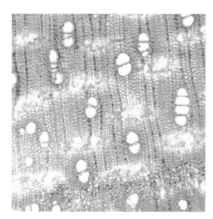
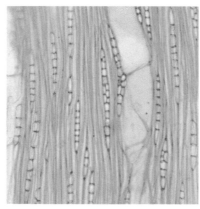

左
沉香
微观横切面

右
沉香
微观弦切面

鉴别要点与技巧 心边材区别不明显，材色黄白或浅黄褐色，充填树胶（结香）后变成黑褐色。内含韧皮部多而大，肉眼下可见，放大镜下明显，弦列呈弯月形。木射线非叠生，单列及对列为主，射线组织异形Ⅱ型及异形Ⅰ型。

濒危与珍贵
木材鉴别

材性及用途　气干密度0.40～0.43 g/cm³，但视沉香树脂物的沉积量的程度，密度变化很大。结香后的沉香木一般作药用或熏香用。很少用来制作家具，多用来制作人物或动物肖像工艺品。

2.38　檀香木 *Santalum album* L.

英文名称　Sandalwood。

商品名或别名　檀香，老山檀香，斐济檀香，澳洲檀香。

科属名称　檀香科，檀香属。

树木性状及产地　常绿小乔木至乔木，树高达15m，胸径达30cm。原产印度、澳大利亚、斐济及南太平洋其他岛国，美国的夏威夷也出产檀香，在我国有近百年的引种历史。

珍贵等级　特类木材。

市场参考价格　印度老山檀约380万元/吨、斐济檀香80万～100万元/吨、澳洲檀香15万～25万元/吨。

木文化　檀香木香气醇厚浓郁，芳香独特，是任何人工合成的香精、香水都无法与之匹美的纯天然名贵香料。檀香木以产自印度的老山檀为上乘之品，印度老山檀的特点是其色白偏黄，油质大，散发的香味恒久。而澳大利亚、印度尼西亚等地所产檀香其质地、色泽、香度均有逊色，称为"柔佛巴鲁檀"。

木材宏观特征　心边材区别略明显，心材红褐色，边材黄白色。生长轮不明显。散孔材。管孔放大镜下可见。轴向薄壁组织放大镜下可见。木射线放大镜下可见。木材具檀香气味，纹理直，结构甚细。

左
檀香木
宏观横切面

右
檀香木
实木

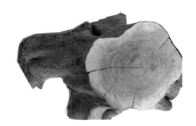

木材微观特征 单管孔，少数2～4个径列复管孔；散生。导管分子单穿孔，管间纹孔式互列。轴向薄壁组织星散状、环管状、短弦线状。木纤维壁薄至厚。木射线非叠生。单列射线高2～6细胞；多列射线宽2～3细胞，高5～12细胞。射线组织异形Ⅱ型及异形Ⅲ型。

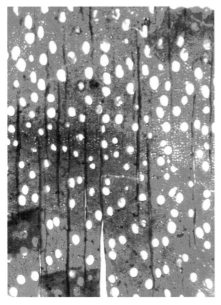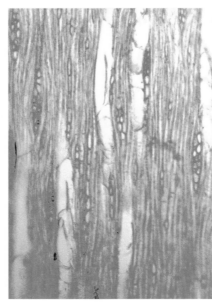

左
檀香木
微观横切面

右
檀香木
微观弦切面

鉴别要点与相似树种

（1）鉴别要点：心边材区别略明显，心材红褐色。散孔材；管孔很小，放大镜下可见。轴向薄壁组织星散状、环管状、短弦线状。木射线非叠生。单列射线少，多列射线宽2～3细胞，高5～12细胞。射线组织异形Ⅱ型及异形Ⅲ型。

（2）相似树种：黄杨木*Buxus sinica* Cheng。

檀香木与黄杨木的区别如下。檀香木是檀香科檀香属木材；黄杨木是黄杨科黄杨属木材。檀香木导管分子单穿孔，管间纹孔式互列；黄杨木导管分子梯状复穿孔，管间纹孔式对列。檀香木木材具浓郁的檀香气味；黄杨木木材无特殊气味。檀香木与黄杨木的其余特征均比较接近，注意细致鉴别。

濒危与珍贵
木材鉴别

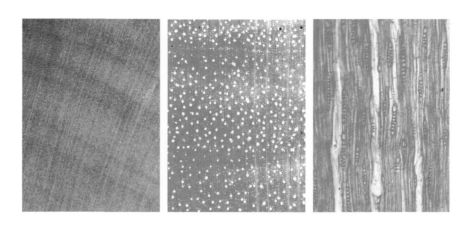

左
黄杨木
宏观横切面

中
黄杨木
微观横切面

右
黄杨木
微观弦切面

材性及用途　气干密度0.87～0.97g/cm³。强度高，硬度大，干缩小。加工容易，油漆或上蜡性能良好。檀香树被称为"黄金之树"，因为它全身几乎都是宝，而且每个部分的经济价值都很高。檀香木的心材是名贵的中药。檀香树根部、主干碎材可以提炼精油，檀香精油俗称"液体黄金"。檀香树在生长过程中修剪下的部分枝条是高档香制品的原材料。

木材宜用于制作官帽椅、皇宫椅、交椅等高级仿古典工艺家具及手镯、珠宝盒、人物或动物肖像等高级工艺品。

2.39　黄杨木 *Buxus sinica* Cheng

英文名称　Boxwood。

商品名或别名　千年矮，矮瓜杨，瓜子黄杨，小叶黄杨。

科属名称　黄杨科，黄杨属。

树木性状及产地　常绿小乔木，树高达10m，胸径达30cm。黄杨木种类较多，全世界有70多种，欧洲、亚洲、热带非洲和中美洲均有分布。我国有近20种，除东北外，全国各省区均有分布。

珍贵等级　特类木材。

市场参考价格　2.2万～3.0万元/吨。

木文化　黄杨木因生长非常缓慢，古人曾有许多神秘的说法。比如李渔的《闲情偶寄》记载："黄杨每岁一寸，不溢分毫，至闰年反缩一寸，是天限之命也。"苏轼也有诗云："园中草木春无数，只有黄杨厄闰年。"《酉阳杂俎》对黄杨木的采伐还有这样的记载："世重黄杨木以其无火也。用水试之，沉则无火。凡取此木，必寻隐晦夜无一星，伐之则不裂。"这些说法给黄杨木披上了一件神秘的外衣，也为人们把玩黄杨木作品时增添了很多情趣。

木材宏观特征 心边材区别不明显，木材鲜黄色或黄褐色。散孔材；管孔极小，放大镜下都不易见。生长轮不明显，轮间呈细线。轴向薄壁组织肉眼下不可见。木射线细，放大镜下略见。

左
黄杨木
宏观横切面

右
黄杨木
实木

木材微观特征 单管孔，少数短径列复管孔。导管分子梯状复穿孔，管间纹孔式对列或互列。轴向薄壁组织量少，星散状或星散-聚合状。木射线非叠生，单列射线少，多列射线宽2～3细胞，高4～20细胞；射线组织异形Ⅱ型，直立或方形射线细胞比横卧射线细胞高或高得多。

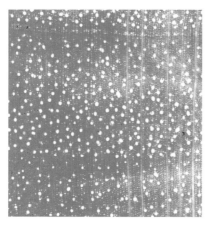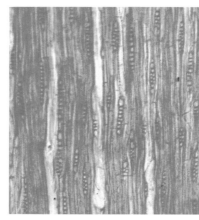

左
黄杨木
微观横切面

右
黄杨木
微观弦切面

濒危与珍贵
木材鉴别

（1）鉴别要点：心边材区别不明显，木材鲜黄色或黄褐色。散孔材；管孔极小，放大镜下都不易见。轴向薄壁组织星散状或星散-聚合状。木射线非叠生，单列射线少，多列射线宽2～3细胞。射线组织异形Ⅱ型，直立或方形射线细胞比横卧射线细胞高或高得多。

（2）相似树种：檀香木 *Santalum album* L.。

檀香科檀香属。别名：檀香、老山檀香、斐济檀香、澳洲檀香。常绿小乔木至乔木，树高达15m，胸径达30cm。原产印度、澳大利亚、斐济等国家。

心边材区别略明显，心材红褐色。生长轮不明显。散孔材，管孔甚小，放大镜下可见。导管分子单穿孔，管间纹孔式互列。轴向薄壁组织星散状、环管状、短弦线状。木射线非叠生，射线组织异形Ⅱ型及异形Ⅲ型。木材具檀香气味。

檀香木与黄杨木的区别如下。檀香木是檀香科檀香属木材；黄杨木是黄杨科黄杨属木材。檀香木导管分子单穿孔，管间纹孔式互列；黄杨木导管分子梯状复穿孔，管间纹孔式对列。檀香木木材具浓郁的檀香气味；黄杨木木材无特殊气味。檀香木与黄杨木的其余特征均比较接近，注意细致鉴别。

左
檀香木
宏观横切面

中
檀香木
微观横切面

右
檀香木
微观弦切面

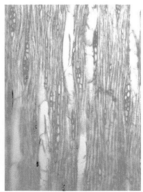

材性及用途　气干密度0.6～0.8g/cm³。强度及硬度中等。加工容易，车旋及雕刻性能特别好。黄杨木雕国内外驰名，木制图章，象牙、玉石雕刻作品的木座，红木家具的镶嵌图案等多由黄杨木制作。

2.40　蚬木 *Excentrodendron hsienmu* H. T. Chang et R. H. Miau

英文名称　Burreta-Tree。

商品名或别名　白蚬，麦隐（壮语），火果木（昆明），铁木。

科属名称　椴树科，蚬木属。

树木性状及产地　常绿大乔木，树高达30m，胸径达1.0m。在广西龙州县武德乡三联村发现一株树龄2 300余年的蚬木古树，树高48.5m，胸径4.2m，材积106m³。主产广西西南部及云南东南部。越南北部亦产。

珍贵等级　国家二级重点保护野生植物；特类木材。

市场参考价格　1.5万～2.5万元/吨。

木文化　本种发现于1956年。当地壮语称"麦隐"，意指木心有如蚬壳的环痕。后经深入调查，发现该树种主要生长于石山坡脚，坡上方土层浅薄，树冠光照时间短，树冠偏窄，木材生长得少；坡下方土层深厚，树冠光照时间长，树冠偏宽，木材生长得多。这样便通常导致树木严重偏心，在横切面上年轮一边宽一边窄，形状酷似蚬壳花纹，故后来改称为"蚬木"。

木材宏观特征　心边材区别明显，心材红褐色或深红褐色，边材黄褐色微红。散孔材，管孔甚小。轴向薄壁组织放大镜下明显，环管状。木射线放大镜下明显。波痕显著。木材纹理交错，结构甚细。

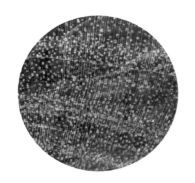

左
蚬木
宏观横切面

右
蚬木
实木

木材微观特征　单管孔及2～3个径列复管孔，稀管孔团。导管分子单穿孔，管间纹孔式互列。轴向薄壁组织环管状，有时向两侧伸延呈短翼状。导管分子、木纤维、轴向薄壁组织、木射线均叠生。单列射线少，高3～15细胞；多列射线宽2～4细胞，高8～18细胞。射线组织异形Ⅱ型。射线细胞富含树胶和菱形晶体。

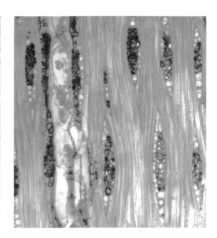

左
蚬木
微观横切面

右
蚬木
微观弦切面

鉴别要点与相似树种

（1）鉴别要点：心边材区别明显，心材红褐色或深红褐色。散孔材，管孔甚小。轴向薄壁组织环管状，有时向两侧伸延呈短翼状。导管分子、木纤维、轴向薄壁组织、木射线均叠生。射线组织异形Ⅱ型。射线细胞富含树胶和菱形晶体。木材很重，纹理交错，结构甚细。

（2）相似树种：香脂木豆 *Myroxylon balsamum* Harms.。

蝶形花科香脂木豆属。别名：红檀香。乔木，高达20m，胸径50～80cm。主产巴西、秘鲁、委内瑞拉、阿根廷等中南美洲国家。

心边材区别明显，心材红褐至紫红褐色，具浅色条纹。散孔材，管孔甚小至略小。轴向薄壁组织环管状，少数翼状及聚翼状。单列射线少，多列射线宽2～3细胞，高5～11细胞。射线组织异形Ⅱ、Ⅲ型。射线细胞富含树胶和菱形晶体。材表波痕略明显。木材具浓郁香气。

蚬木与香脂木豆的区别如下。蚬木是椴树科蚬木属木材；香脂木豆是蝶形花科香脂木豆属木材。蚬木轴向薄壁组织环管状，有时向两侧伸延呈短翼状；香脂木豆轴向薄壁组织环管状，少数翼状及聚翼状。蚬木木材无特殊气味；香脂木豆木材具浓郁香气。

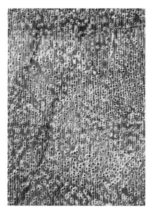
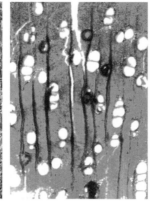
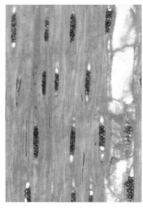

左
香脂木豆
宏观横切面

中
香脂木豆
微观横切面

右
香脂木豆
微观弦切面

材性及用途　气干密度约1.13 g/cm³。强度高，硬度甚大，干缩大。加工困难，油漆或上蜡性能良好。宜用于制作椅类、床类、沙发、餐桌、书桌等仿古典工艺家具及楼梯扶手、实木地板等。

2.41　金丝李 *Garcinia paucinervis* Chun et F. C .How

英文名称　Fewnerve Garcinia。

商品名或别名　咪贵，墨贵，费雷，咪举，金丝木。

科属名称　藤黄科，山竹子属。

树木性状及产地　常绿大乔木，树高达30m，胸径达80cm。主产广西西部及西南部各市县、云南省东南部。越南北部亦有分布。

珍贵等级　国家二级重点保护野生植物；特类木材。

市场参考价格　1.2万～2万元/吨。

木文化　金丝李是南亚热带石灰岩山地的特有种类，经济价值很高，为我国为数不多的特类木材，是广西最著名的硬木之一。木材横切面上轴向薄壁组织呈金黄色细丝线状，与木射线构成金丝织物状的木材花纹，故称"金丝李"。

木材宏观特征　心边材区别明显，心材黄褐色或深黄褐色，边材浅黄褐色。散孔材；管孔略多，略小，肉眼下不可见，放大镜下可见至略明显。生长轮不明显。轴向薄壁组织量多，傍管带状，多呈波浪形。

木材微观特征 单管孔及2～4个径列、斜列复管孔；导管内树胶丰富。导管分子单穿孔，管间纹孔式互列。轴向薄壁组织傍管带状，宽2～3细胞，分布不规则。木射线非叠生，单列射线少，多列射线宽2～3细胞，高多数10～20细胞。射线组织异形III型及异形II型。射线细胞内含丰富树胶及菱形晶体。

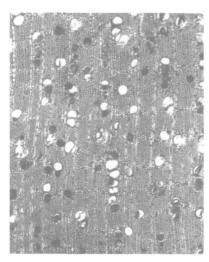
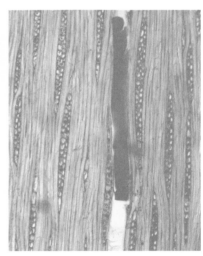

鉴别要点与相似树种

（1）鉴别要点：心边材区别明显，心材黄褐色或深黄褐色。散孔材；管孔放大镜下可见至略明星。轴向薄壁组织傍管带状，分布不规则。木射线非叠生，单列射线少，多列射线宽2～3细胞。射线组织异形III型及异形II型。

（2）相似树种：山竹子*Garcinia* spp.。

藤黄科山竹子属。别名：赤果、黄牙果、岭南山竹子。常绿乔木，高达15m，胸径达40cm。树皮青紫黑色，割裂后有黄色黏液流出。主产我国华南地区，越南亦产。

心边材区别不明显，材色浅黄褐色。生长轮不明显。散孔材，管孔略小。轴向薄壁组织傍管带状，宽2～4细胞。木射线非叠生；单列射线少，多列射线宽2～5细胞，高10～40细胞。射线组织异形Ⅱ型。

金丝李与山竹子的区别如下。金丝李心边材区别明显，心材黄褐色或深黄褐色；山竹子心边材区别不明显，材色浅黄褐色。金丝李多列射线宽2～3细胞，多数高10～20细胞，射线组织异形Ⅲ型及异形Ⅱ型；山竹子多列射线宽2～5细胞，高10～40细胞，射线组织异形Ⅱ型。

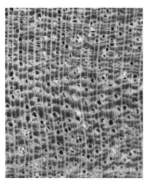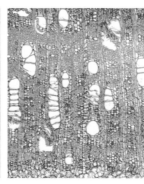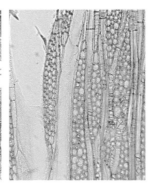

左
山竹子
宏观横切面

中
山竹子
微观横切面

右
山竹子
微观弦切面

材性及用途 气干密度0.97～0.99 g/cm³。强度高、硬度大。加工略难，油漆或上蜡性能良好。宜用于制作椅类、床类、沙发、餐桌、书桌等高级仿古典工艺家具，高级木雕工艺品，楼梯扶手、实木地板等。

2.42 金花茶 *Camellia chrysantha* (Hu) Tuyama

英文名称 Chrysantha Camellia。

商品名或别名 黄花油茶，黄茶花。

科属名称 山茶科，茶属。

树木性状及产地 常绿小乔木，树高达6m，胸径达16cm。特产我国广西及华南地区；越南亦产。

濒危与珍贵
木材鉴别

珍贵等级　国家二级重点保护野生植物；一类木材。

市场参考价格　4 000～6 000元/m³。

木文化　1960年，我国植物学家首次在广西防城发现了一种开金黄色花的山茶花，被命名为金花茶。金花茶是山茶科中唯一开黄花的植物。其花瓣为金黄色，重叠致密，鲜艳俏丽，晶莹油润，耀眼夺目；花蕾浑圆，流金溢彩；仿佛点缀于玉叶琼枝间，风姿绰约，金瓣玉蕊，美艳怡人，赏心悦目，其观赏价值无与伦比。故有"茶族皇后"之称，国外称之为神奇的东方魔茶。

木材宏观特征　心边材区别不明显，材色微黄灰白色。生长轮不明显。散孔材；管孔甚小，放大镜下可见至略明显。轴向薄壁组织不可见。木材纹理直，结构甚细。

左
金花茶
宏观横切面

右
金花茶
实木

木材微观特征　单管孔及少数2～3个径列复管孔，不规则多角形。导管分子梯状复穿孔，管间纹孔式对列。轴向薄壁组织星散状及星散-聚合状；菱形晶体丰富。纤维管胞具缘纹孔明显。木射线非叠生；单列射线较少；多列射线宽2～4细胞，高10～30细胞；单列细胞与多列细胞等宽。同一射线内偶见2次多列部分。射线组织异形Ⅰ型及异形Ⅱ型。

左
金花茶
微观横切面

右
金花茶
微观弦切面

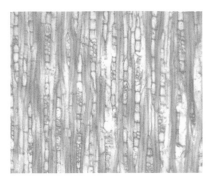

（1）鉴别要点：心边材区别不明显，材色微黄灰白色。散孔材；管孔甚小。轴向薄壁组织星散状及星散-聚合状。木射线非叠生；单列射线较少，单列细胞与多列细胞等宽。同一射线内偶见2次多列部分。射线组织异形Ⅰ型及异形Ⅱ型。

（2）相似树种：华卫矛 *Euonymus chinensis* Lindl.。

卫矛科卫矛属。别名：狗骨柴，卫矛。半常绿乔木，高10m，胸径15cm。主产我国西南及长江以南各省区。

心边材区别不明显，材色金黄或浅红黄色。生长轮明显。散孔材，管孔甚小，放大镜下可见。轴向薄壁组织量少，星散状。木射线非叠生；单列射线（稀2列或对列）高3～20细胞。射线组织同形单列。

金花茶与华卫矛的区别是：金花茶轴向薄壁组织星散状及星散-聚合状；华卫矛轴向薄壁组织星散状。金花茶单列射线较少，多列射线宽2～4细胞，同一射线内偶见2次多列部分，射线组织异形Ⅰ型及异形Ⅱ型；华卫矛全单列射线，射线组织同形单列。

 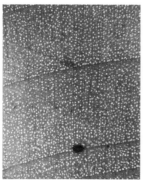 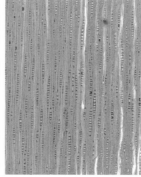

左
华卫矛
宏观横切面

中
华卫矛
微观横切面

右
华卫矛
微观弦切面

材性及用途 气干密度0.75～0.88g/cm³。强度、硬度中等。耐腐性、抗虫性强。切削容易，切面光滑；油漆后光亮性好；胶黏容易。木材宜用于雕刻、工艺品等用途；花瓣可作花茶饮用；树木可作观赏植物。

2.43 荔枝 *Litchi chinensis* Sonn.

英文名称 Litchi。

商品名或别名 荔枝树，墨盲，酸枝，丹荔，丽枝，离枝，火山荔，勒荔。

科属名称 无患子科，荔枝属。

树木性状及产地 常绿大乔木，树高达30m，胸径达1.3m。分布于我国西南部、南部和东南部，广东和福建南部栽培最盛。亚洲东南部也有栽培，非洲、美洲和大洋洲有引种的记录。

珍贵等级 国家二级重点保护野生植物；一类木材。

市场参考价格 6 000～8 000元/m³。

木文化 "荔枝"二字出自西汉，据宋应《上林赋·扶南记》说："此木结实时，枝弱而蒂牢，不可摘取，必以刀斧剥取其枝，故以荔枝（利器砍枝）为名。"白居易云：若离本枝，一日色变，三日味变。故又取离枝（荔枝）之名。

木材宏观特征 心边材区别略明显，心材紫红或紫黑色，边材浅红褐或红褐色。生长轮不明显。散孔材；管孔略少、略小，斜列，含丰富白色沉积物。木材纹理交错，结构细。

左
荔枝
宏观横切面

右
荔枝
实木

木材微观特征 单管孔及2～3个径列复管孔。导管分子单穿孔，管间纹孔式互列。分隔木纤维普遍。轴向薄壁组织环管状；薄壁细胞内含丰富树胶及菱形晶体，分室含晶细胞可连续多至24个。木射线非叠生；单列射线（偶2列或对列）高5～20细胞。射线组织同形单列及多列。射线细胞内含丰富晶体及树胶状沉积物。

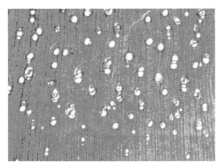
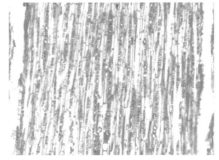

左
荔枝
微观横切面

右
荔枝
微观弦切面

鉴别要点与相似树种

（1）鉴别要点：心边材区别略明显，心材紫红或紫黑色散孔材；管孔略少、略小。分隔木纤维普遍。轴向薄壁组织环管状。单列射线（偶2列或对列）。射线组织同形单列及多列。

（2）相似树种：龙眼*Euphoria longan* Steud.。

无患子科龙眼属。别名：桂圆树、桂圆、圆眼。常绿乔木，树高达25m，胸径达40cm。主产福建、广东、海南、广西等省区。

心边材区别略明显，心材暗红褐或黄红褐色。生长轮不明显。散孔材，管孔略少、略小至中，内含白色沉积物。具分隔木纤维。轴向薄壁组织环管状。木射线非叠生，单列射线（偶2列或对列）。射线组织同形单列及多列；射线细胞内含丰富菱形晶体，部分含树胶状沉积物。

荔枝和龙眼的木材构造相当接近，心边材区别略明显，心材暗红褐或黄红褐色。具分隔木纤维。木射线非叠生，射线单列（偶2列或对列）。射线组织同形单列及多列，射线细胞内含丰富菱形晶体，部分含树胶状沉积物。应注意仔细鉴别。

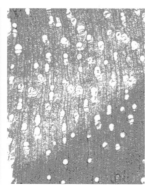
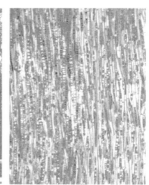

左
龙眼
宏观横切面

中
龙眼
微观横切面

右
龙眼
微观弦切面

濒危与珍贵
木材鉴别

材性及用途 气干密度0.95～1.02g/cm³。强度甚高，硬度甚大。耐腐性极强，抗虫性中等。切削困难，但切面光滑；径切面上有带状花纹，鲜艳漂亮；油漆后光亮性好，胶黏容易。宜用于制作渔船龙骨、船壳板、舵杆、高档家具及运动器械。

2.44　龙眼 *Euphoria longan* (Lour.) Steud.

英文名称　Longan。

商品名或别名　桂圆树，桂圆，圆眼。

科属名称　无患子科，龙眼属。

树木性状及产地　常绿乔木，树高达25m，胸径达40cm。主产福建、广东、海南、广西、云南、贵州、台湾、四川等省区，尤以福建、广东、广西栽培为普遍。

珍贵等级　国家二级重点保护野生植物；一类木材。

市场参考价格　4 500～6 000元/m³。

木文化　由于它的果实滚圆滚圆，宛如"龙"的眼珠，因此将它的中药名称为龙眼。传说，石硖龙眼的"石硖"是"石夹"的意思，最早的龙眼树是从大石缝中长出来的，由于树根被大石夹住，只好往深土层里钻，树根吸收了地下的"精气"，结出来的龙眼果特别好吃。桂圆有壮阳益气、补益心脾、养血安神、润肤美容等多种功效，可治疗贫血、心悸、失眠、健忘、神经衰弱及病后、产后身体虚弱等症。

木材宏观特征　心边材区别略明显，心材暗红褐或黄红褐色，边材浅红褐或浅黄褐色。生长轮不明显。散孔材；管孔略少、略小至中，内含白色沉积物。木材纹理斜，结构细。

左
龙眼
宏观横切面

右
龙眼
实木

木材微观特征　单管孔，少数2～3个径列复管孔。管孔内含树胶、沉积物普遍。导管分子单穿孔，管间纹孔式互列。具分隔木纤维。轴向薄壁组织环管状；薄壁细胞内含树胶及菱形结晶体，分室含晶细胞可连续多至27个以上。木射线非叠生；单列射线（偶2列或对列）高4～10细胞。射线组织同形单列及多列；射线细胞内含丰富菱形晶体，部分含树胶状沉积物。

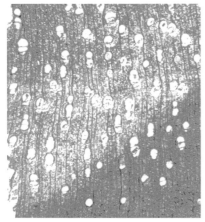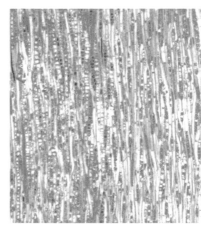

左
龙眼
微观横切面

右
龙眼
微观弦切面

鉴别要点与相似树种

（1）鉴别要点：心边材区别略明显，心材暗红褐或黄红褐色。散孔材；管孔略少、略小至中，内含白色沉积物。具分隔木纤维。轴向薄壁组织环管状。木射线非叠生；单列射线（偶2列或对列）。射线组织同形单列及多列。射线细胞内含丰富菱形晶体，部分含树胶状沉积物。

（2）相似树种：荔枝*Litchi chinensis* Sonn.。

无患子科荔枝属。别名：荔枝树、酸枝、丹荔、火山荔、勒荔。常绿大乔木，树高达30m，胸径达1.3m。主产福建、广东、海南、广西、云南、贵州、台湾、四川等省区。

心边材区别略明显，心材紫红或紫黑色。散孔材；管孔略少、略小，斜列，含丰富白色沉积物。分隔木纤维普遍。轴向薄壁组织环管状。木射线非叠生；单列射线（偶2列或对列）高5～20细胞。射线组织同形单列及多列。射线细胞内含丰富晶体及树胶状沉积物。

龙眼与荔枝的木材构造相当接近，心边材区别略明显，心材暗红

濒危与珍贵
木材鉴别

褐或黄红褐色。具分隔木纤维。木射线非叠生，射线单列（偶2列或对列）。射线组织同形单列及多列，射线细胞内含丰富菱形晶体，部分含树胶状沉积物。应注意仔细鉴别。

左
荔枝
宏观横切面
中
荔枝
微观横切面
右
荔枝
微观弦切面

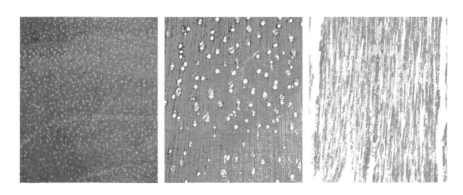

材性及用途 气干密度0.91～1.04g/cm³。强度高，硬度甚大。耐腐性极强，抗虫性中等。切削较难，切面光滑；径切面上有带状花纹，鲜艳漂亮；油漆后光亮性较好，胶黏性好。宜用于制作渔船龙骨、船壳板、舵杆、高档家具、运动器械、大型雕刻。

2.45　细子龙 *Amesiodendron chinense* (Merr.)Hu

英文名称 Amesiodendron。

商品名或别名 荔枝公，瑶果，坡柳，山龙眼，莺哥木，咪颜义（壮语）。

科属名称 无患子科，细子龙属。

树木性状及产地 常绿乔木，树高达25m，胸径达50cm。主产海南、云南、贵州、广西等省区。越南亦产。

珍贵等级 一类木材。

市场参考价格 3 500～5 500元/m³。

木文化 细子龙与龙眼为无患子科不同属的树种。细子龙的果实成熟时，其果形和外皮颜色乍看起来与龙眼的果实十分相像。然而龙眼为核果，有白色透明、肉厚味美的假种皮，种子直径可大于10mm；细子龙为蒴果，无肉质假种皮，种子直径不足5mm，所以将其定名为"细子龙"。

木材宏观特征　心边材区别略明显，心材红褐色，边材灰黄褐色微红。生长轮略明显。散孔材，管孔略小至中，内含白色沉积物。轴向薄壁组织轮界状。木材纹理交错，结构细。

左
细子龙
宏观横切面

右
细子龙
实木

木材微观特征　单管孔，少数2～3个径列复管孔。导管分子单穿孔，管间纹孔式互列。轴向薄壁组织星散状、环管状、轮界状、宽1～2细胞；含树胶及菱形晶体，分室含晶细胞多至10个。具分隔木纤维。木射线非叠生；多为单列射线，偶2列或对列射线，高5～25细胞。射线组织同形单列及多列。射线细胞含丰富树胶状沉积物及菱形晶体。

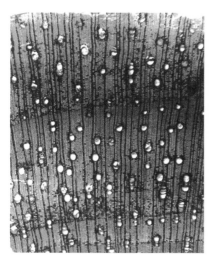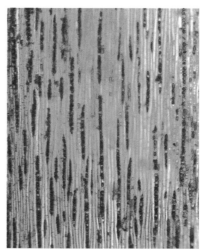

左
细子龙
微观横切面

右
细子龙
微观弦切面

鉴别要点与相似树种

（1）鉴别要点：心边材区别略明显，心材红褐色。散孔材，管孔略

濒危与珍贵
木材鉴别

小至中，内含白色沉积物。轴向薄壁组织轮界状。具分隔木纤维。木射线非叠生；多为单列射线，偶2列或对列射线。射线组织同形单列及多列。射线细胞含丰富树胶状沉积物及菱形晶体。

（2）相似树种：柄果木*Mischocarpus sundaicus* Bl.。

无患子科柄果木属。别名：铃子果、假荔枝、野荔枝、垮山树。常绿乔木，高达17m，胸径达40cm。主产我国华南及西南各省区，马来西亚及印度亦产。

心边材区别略明显，心材红褐色。生长轮略明显。散孔材，管孔略小至中。具分隔木纤维。轴向薄壁组织环管状及轮界状。木射线非叠生，全单列射线，高5～20细胞。射线组织同形或异形单列。

细子龙与柄果木的许多特征都极为相似，只是细子龙木射线多为单列，稀2列或对列射线，高5～30细胞，射线组织同形单列及多列；柄果木射线全为单列，高5～20细胞，射线组织同形或异形单列。

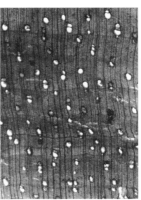

材性及用途 气干密度0.91～1.01g/cm³。强度甚高，硬度甚大。耐腐性、抗虫性强。切削困难，切面光滑；油漆后光亮性好，胶黏容易。径面上带状花纹鲜艳漂亮。宜用于制作渔船龙筋、肋骨、船壳板，以及高档家具、运动器械、高级工艺品。

2.46 鹅掌楸 *Liriodendron chinense* (Hemsl.) Sarg.

英文名称 Chinese Tulip Tree。

商品名或别名 鹅脚板，风荷树，马褂木，马褂树，遮阳树。

科属名称 木兰科，鹅掌楸属。

树木性状及产地 落叶大乔木，树高达40m，胸径达1m。主产我国西南，长江以南各省区。

珍贵等级 国家二级重点保护野生植物；一类木材。

市场参考价格 6 000～8 000元/m³。

木文化 鹅掌楸叶片的顶部平截，犹如马褂的下摆；叶片的两侧平滑或略微弯曲，好像马褂的两腰；叶片的两侧端向外突出，仿佛是马褂伸出的两只袖子，故鹅掌楸又叫马褂木或马褂树。同时，鹅掌楸的花单生枝顶，外轮花被片萼状绿色，内二轮花瓣状黄绿色，基部有黄色条纹，形似郁金香。因此，它的英文名称"Chinese Tulip Tree"，译成中文就是"中国的郁金香树"。

木材宏观特征 心边材区别略明显，心材黄褐色或绿褐色，边材黄白或浅红褐色。生长轮略明显。散孔材至半环孔材。轴向薄壁组织轮界状。木材纹理交错，结构甚细。

左
鹅掌楸
宏观横切面

右
鹅掌楸
实木

木材微观特征 单管孔及2～3个径列复管孔。导管分子为复穿孔，管间纹孔式对列。轴向薄壁组织轮界状，带宽4～6细胞。木射线非叠

濒危与珍贵
木材鉴别

生；单列射线极少；多列射线宽2～3细胞，高10～30细胞。同一射线内偶2次多列部分。射线组织为异形Ⅱ型及异形Ⅲ型。射线细胞含少量油细胞。

左
鹅掌楸
微观横切面

右
鹅掌楸
微观弦切面

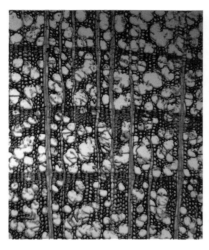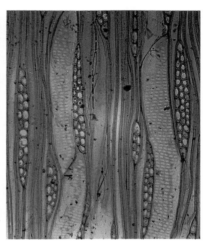

鉴别要点与相似树种

（1）鉴别要点：心边材区别略明显，心材黄褐色或绿褐色。散孔材至半环孔材。导管分子为复穿孔，管间纹孔式对列。轴向薄壁组织轮界状。木射线非叠生；同一射线内偶2次多列部分。射线组织为异形Ⅱ型及异形Ⅲ型。射线细胞含少量油细胞。

（2）相似树种：北美鹅掌楸*Liriodendron tulipifera* Linn.。

木兰科鹅掌楸属。别名：美国黄杨、美国白杨、金丝白木。落叶大乔木，树高达60m，胸径达3.5m。原产北美东南部。我国青岛、庐山、南京、广州、昆明等地有栽培。心边材区别略明显，心材黄褐色或绿褐色。生长轮略明显。散孔材至半环孔材。导管分子为复穿孔，管间纹孔式对列。轴向薄壁组织轮界状。木射线非叠生，单列射线极少，多列射线宽2～3细胞，高10～30细胞，射线组织同形多列及异形Ⅲ型。

北美鹅掌楸与鹅掌楸的区别主要有以下几点：鹅掌楸管孔半环孔材趋势更明显些，北美鹅掌楸半环孔材趋势不很明显；鹅掌楸原产我国，北美鹅掌楸原产北美洲。其他的构造特征极为相似，应注意仔细鉴别。

 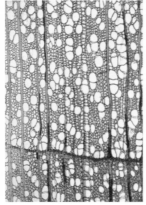 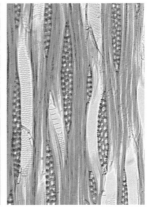

材性及用途 气干密度0.52～0.60g/cm³。强度、硬度中等。不耐腐，抗虫性中等。锯解时易发毛，切面光滑；木材油漆后光亮性好，胶黏容易。宜用于制作缝纫机台板、绘图板、笔杆。

2.47 火力楠 *Michelia macclurei* var. *sublanea* Dandy

英文名称 Macclure Michelia。

商品名或别名 火力兰，醉香含笑，马氏含笑，棉毛含笑，楠木。

科属名称 木兰科，含笑属。

树木性状及产地 常绿大乔木，树高达30 m，胸径达1m。主产广东、广西。

珍贵等级 一类木材。

市场参考价格 5 000～6 000元/m³。

木文化 火力楠因树型美观，枝叶茂盛，花白色，芳香，故称醉香含笑。又因其有一定抗火能力，故又叫"火力兰"，可用于营造防火林，又为优良的用材和观赏树种。火力楠心材黄绿色，结构细腻，导管槽可见金丝状花纹，很像樟科楠木，市场上通常称为"金丝楠"。

木材宏观特征 心边材区别明显，心材黄绿色或绿褐色，边材黄白或浅黄褐色。生长轮略明显。散孔材；管孔很小，肉眼下不见。轴向薄壁组织轮界状。木材纹理直，结构甚细。

左
火力楠
宏观横切面

右
火力楠
实木

木材微观特征 通常2～4个径列复管孔，少数单管孔，圆形或近圆形。导管分子复穿孔，管间纹孔式梯列，稀梯列-对列。轴向薄壁组织轮界状，带宽3～5细胞。木射线非叠生；单列射线较少；多列射线宽2～3细胞，高10～20细胞。同一射线内偶2次多列部分。射线组织异形Ⅱ型或异形Ⅲ型。油细胞或黏液细胞常见于射线两端。

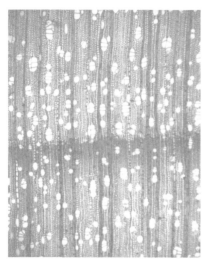

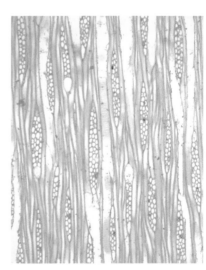

左
火力楠
微观横切面

右
火力楠
微观弦切面

鉴别要点与相似树种

（1）鉴别要点：心边材区别明显，心材黄绿色或绿褐色。散孔材；管孔很小，肉眼下不见。导管分子复穿孔，管间纹孔式梯列，稀梯列-对列。轴向薄壁组织轮界状。木射线非叠生；同一射线内偶2次多列部分。射线组织异形Ⅱ型或异形Ⅲ型。油细胞或黏液细胞常见于射线两端。

（2）相似树种：单性木兰 *Kmeria septentrionalis* Dandy。

木兰科单性木兰属。国家一级重点保护野生植物。别名：木兰、细蕊木兰。常绿乔木，树高达25m，胸径达50cm。主产广西北部、贵州东南部。

心边材区别不明显，材色黄白或浅黄褐色。生长轮明显。散孔材，管孔甚小，不规则形。导管分子复穿孔，管间纹孔式梯列。薄壁组织轮界状，带宽3～5细胞。木射线非叠生，单列射线甚少，多列射线宽2～3细胞，高20～30细胞。同一射线内偶2次多列部分；射线组织异形Ⅱ型。射线细胞含少量黏液细胞或油细胞。

火力楠与单性木兰区别如下。火力楠通常2～4个径列复管孔，少数单管孔，圆形或近圆形；单性木兰通常单管孔，管孔甚小、不规则形。火力楠多列射线高10～20细胞；单性木兰多列射线高20～30细胞。其余构造特征极为相似，应注意仔细鉴别。

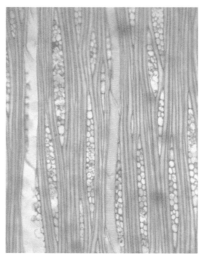

左
单性木兰
微观横切面

右
单性木兰
微观弦切面

材性及用途　气干密度0.55～0.73g/cm³。强度、硬度中等。耐腐性及抗虫性中等。切削容易，切面光滑；油漆光亮性好，胶黏容易。宜用于制作椅类、床类、顶箱柜、沙发、餐桌、书桌等高级仿古典工艺家具。

濒危与珍贵
木材鉴别

2.48　南美蚁木 *Tabebuia ipe* Standl.

英文名称　Lapacho Negro。

商品名或别名　依贝，风铃木，南美紫檀。

科属名称　紫葳科，蚁木属。

树木性状及产地　大乔木，树高达40m，胸径达1.2m。主产阿根廷、巴拉圭、圭亚那等南美洲国家。

珍贵等级　二类木材。

市场参考价格　3 000～4 000元/m³。

木文化　木材管孔很小，轴向薄壁组织为翼状、聚翼状，形如蚂蚁，故称"蚁木"。该种导管内富含拉帕醇类物质，形成黄绿色沉积物。所以，早期市场上曾冒充紫檀木。

木材宏观特征　心边材区分略明显，心材深褐、栗或深紫褐色，边材奶白、黄白或浅灰褐色。散孔材，管孔内含黄色沉积物。轴向薄壁组织翼状、聚翼状。木材纹理交错，结构细腻。

左
南美蚁木
实木

右
南美蚁木
宏观横切面

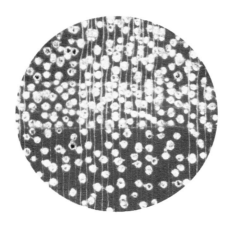

木材微观特征　单管孔及2～3个径列复管孔。导管分子单穿孔，管间纹孔互列，局部对列。轴向薄壁组织环管翼状、聚翼状。木射线叠生；多列射线宽2～3细胞，高6～12细胞。射线组织同形单列及多列，稀异形Ⅲ型。

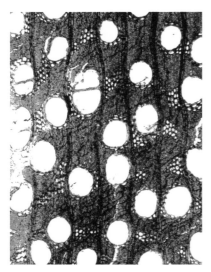
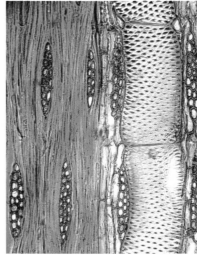

左
南美蚁木
微观横切面

右
南美蚁木
微观弦切面

鉴别要点与相似树种

（1）鉴别要点：心边材区分略明显，心材深褐、栗或深紫褐色。管孔内含黄色沉积物。轴向薄壁组织翼状、聚翼状。木射线叠生；多列射线宽2～3细胞。射线组织同形单列及多列，稀异形Ⅲ型。

（2）相似树种：光果铁苏木 *Apuleia leiocarpa* Macbride。

苏木科铁苏木属。别名：铁苏木、黄金檀、巴西金檀、金檀、金檀木、金象木。大乔木，树高达30m，胸径达50cm。主产巴西、阿根廷等南美洲国家。

心边材区别明显，心材黄褐色。散孔材，管孔略小至中。轴向薄壁组织傍管带状，宽2～4细胞，分室含晶细胞可见，含菱形晶体。木射线叠生，单列射线少，多列射线宽2～4细胞，高10～20细胞。射线组织同形多列及异形Ⅲ型。

光果铁苏木与南美蚁木的区别如下。南美蚁木心边材区分略明显，心材深褐、栗或深紫褐色；光果铁苏木心边材区别明显，心材黄褐色。南美蚁木轴向薄壁组织环管翼状、聚翼状；光果铁苏木轴向薄壁组织傍管带状。南美蚁木多列射线宽2～3细胞，高6～12细胞；射线组织同形单列及多列，稀异形Ⅲ型。光果铁苏木多列射线宽2～4细胞，高10～20细胞；射线组织同形多列及异形Ⅲ型。

濒危与珍贵
木材鉴别

左
光果铁苏木
宏观横切面

中
光果铁苏木
微观横切面

右
光果铁苏木
微观弦切面

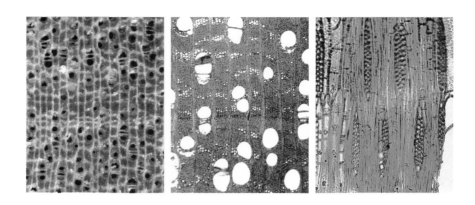

<u>材性及用途</u>　气干密度0.80～1.06g/cm³。硬度大，强度高。耐磨、耐虫蛀。材色绿紫色，美观大方，木质稳定。宜用于制作高档家具、木地板等。

2.49　萨米维腊木 *Bulnesia sarmientoi* Engl.

<u>英文名称</u>　Verawood。

<u>商品名或别名</u>　绿檀，绿檀香，玉檀香。

<u>科属名称</u>　蒺藜科，维腊木属。

<u>树木性状及产地</u>　乔木，树高达25m，胸径达40cm。主产阿根廷、秘鲁、玻利维亚、巴西、委内瑞拉、智利、巴拉圭等南美洲国家。

<u>珍贵等级</u>　CITES附录Ⅱ监管物种；一类木材。

<u>市场参考价格</u>　0.8万～1.1万元/吨。

<u>木文化</u>　维腊木心材颜色呈橄榄绿色，间或有暗黄带绿的条纹，并能散发出一种酷似檀香的香气，香气浓而不刺鼻，清醇四溢，沁人心肺。所以市场上称之为"绿檀"或"玉檀香"。维腊木材质中的良品为罕见的"降香绿檀"，最为稀有珍贵，据传有驱邪辟灾之能，价比黄金！"降香绿檀"是新古典家具系列中的新秀，其不但具有长期耐用的使用价值，而且具有艺术欣赏和收藏价值。

<u>木材宏观特征</u>　心边材区别明显，心材橄榄绿色或深褐色，有暗黄带绿的条纹。花样孔材或辐射孔材。管孔甚小，放大镜下可见。管孔内含黄绿色或黑褐色沉积物。轴向薄壁组织放大镜下环管束状。木射线不见。

纹理交错，结构细。木材具清淡的檀香气味。

木材微观特征　单串或复串管孔链状，常呈花彩状或树枝状排列。导管分子单穿孔，管间纹孔式互列。轴向薄壁组织环管束状，少数星散状；分室含晶细胞普遍。木射线近叠生。射线单列（偶2列），高8细胞以下。射线组织同形单列或多列。

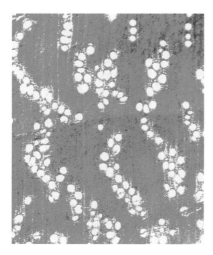

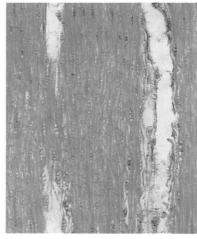

鉴别要点与相似树种

（1）鉴别要点：心边材区别明显，心材橄榄绿色或深褐色。花彩孔材或辐射孔材。管孔内含黄绿色或黑褐色沉积物。轴向薄壁组织放大镜下环管束状。木射线近叠生。射线单列（偶2列）。射线组织同形单列或多列。木材具清淡的檀香气味。

（2）相似树种：海南子京*Madhuca hainanensis* Chun et How。

山榄科子京属。国家二级重点保护野生植物。别名：海南紫荆木、指经、刷空母。常绿乔木，树高达30m，胸径达1m。树皮砍伐后有浅黄白色黏性汁液流出。主产海南、广西。

心边材区别略明显，心材暗红褐色或栗褐色。生长轮略明显。辐射孔材，管孔多数2～3个或单串径列、斜列，有时呈花彩孔材。导管分子单穿孔，管间纹孔式互列。轴向薄壁组织环管状及离管带状。木射线非叠生；单列射线（稀2列或对列），高4～15细胞，射线组织异形Ⅱ型。

萨米维腊木与海南子京的区别是：萨米维腊木心边材区别明显，心材橄榄绿色或深褐色；海南子京心边材区别略明显，心材暗红褐色或栗褐色。萨米维腊木管孔单串或复串管孔链状，常呈花彩状或树枝状排列；海南子京管孔多数2～3个或单串径列、斜列，有时呈花彩孔材。萨米维腊木轴向薄壁组织环管束状，少数星散状；海南子京轴向薄壁组织环管状及离管带状。萨米维腊木射线单列（偶2列），高8细胞以下，射线组织同形单列或多列；海南子京单列射线（稀2列或对列），高4～15细胞，射线组织异形Ⅱ型。

左
海南子京
宏观横切面

中
海南子京
微观横切面

右
海南子京
微观弦切面

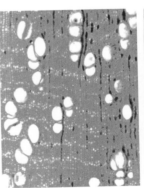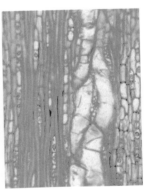

材性及用途 气干密度1.0～1.1g/cm³；强度高，硬度大，干缩小。加工容易，油漆或上蜡性能良好。宜用于制作椅类、沙发、餐桌、书桌等高级仿古典工艺家具及楼梯扶手、高级工艺品等。

2.50　紫油木 *Pistacia weinmannifolia* J. Poiss. ex Franch.

英文名称　Yunnan Pistache。

商品名或别名　清香木，细叶黄连木，细叶楷木，香叶树，虎斑木，广西黄花梨。

科属名称　漆树科，黄连木属。

树木性状及产地　常绿小乔木至乔木，树高达15m，胸径达50cm。主产云南、四川、贵州、广西、西藏等省区。越南、缅甸等国家亦产。

珍贵等级　一类木材。

市场参考价格　0.9万～1.5万元/吨。

木文化　由于紫油木果实成熟时为红色，但种子榨出的油为紫色而得名紫油木。紫油木板面虎皮花纹密布，"鬼脸"众生，时而似行云飘逸、流水潺潺，时而如山川叠嶂，峰回路转，与海南黄花梨、越南黄花梨之纹理有异曲同工之妙。所以，市场曾一度冒充"海南黄花梨"或"越南黄花梨"。又因树叶比较小，主要分布在我国西南部和越南北部，也有人误称其为"广西黄花梨"或"越南小叶黄花梨"。

木材宏观特征　心边材区别明显，心材新鲜时黄褐色，久则变成暗红褐色或紫红褐色，常具黑色条纹。散孔材；管孔略多、略小。管孔内含丰富侵填体。轴向薄壁组织放大镜下傍管状。木射线肉眼下略见。

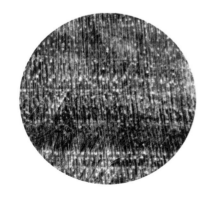

左
紫油木
宏观横切面

右
紫油木
实木

木材微观特征　单管孔及2～4个径列复管孔，管孔团常见，内含丰富侵填体。小导管壁上螺纹加厚明显。导管分子单穿孔，管间纹孔式互

濒危与珍贵
木材鉴别

列。轴向薄壁组织环管状。木射线非叠生，单列射线少，多列射线宽2～3细胞，多数高10～20细胞；同一射线内偶2次多列部分。射线组织异形Ⅲ型及异形Ⅱ型。射线细胞内含丰富树胶及菱形晶体。径向树胶道可见。

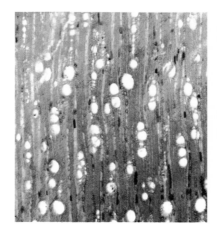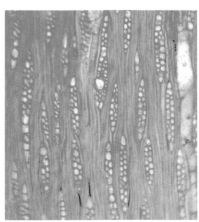

左
紫油木
微观横切面

右
紫油木
微观弦切面

鉴别要点与相似树种

（1）鉴别要点：心边材区别明显，心材新鲜时黄褐色，久则变成暗红褐色或紫红褐色，常具黑色条纹。管孔内含丰富侵填体。小导管壁上螺纹加厚明显。具径向树胶道。轴向薄壁组织环管状。木射线非叠生。射线组织异形Ⅲ型及异形Ⅱ型。

（2）相似树种：臭桑 *Parartocarpus venenosus* (Zoll. et Mor.) Becc.。

桑科臭桑属。别名：拟桂木。乔木，树高达25m，胸径达60cm以上。主产马来西亚、印度尼西亚、巴布亚新几内亚等国家。

心边材区别不明显，木材新鲜时浅黄白色或灰白色。生长轮略明显。散孔材，管孔中至略大。轴向薄壁组织环管状、翼状及聚翼状。木射线非叠生，单列射线少，多列射线宽2～4细胞，高3～26细胞。射线组织同形单列及多列，稀异形Ⅲ型。具乳汁管。

紫油木与臭桑的区别如下。紫油木心边材区别明显，心材暗红褐色或紫红褐色，常具黑色条纹；臭桑心边材区别不明显，木材浅黄白色或灰白色。紫油木小导管壁上螺纹加厚明显；臭桑无螺纹加厚。紫油木射线组织异形Ⅲ型及异形Ⅱ型；臭桑射线组织同形单列及多列，稀异形Ⅲ型。紫油木具径向树胶道；臭桑具乳汁管。

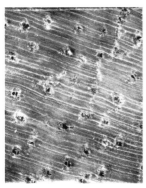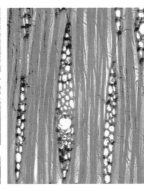

左
臭桑
宏观横切面

中
臭桑
微观横切面

右
臭桑
微观弦切面

材性及用途　气干密度0.97～0.99 g/cm³。强度高，硬度大。加工略难，油漆或上蜡性能良好。宜用于制作椅类、床类、顶箱柜、沙发、餐桌、书桌等高级古典工艺家具及楼梯扶手、实木地板等。

2.51　黄连木 *Pistacia chinensis* Bunge

英文名称　Chinese Pistache。

商品名或别名　石山漆，黄连茶，黄楝树，鸡冠木，黄梨木，崖连，楷树。

科属名称　漆树科，黄连木属。

树木性状及产地　落叶乔木，树高达20m，胸径达60cm。分布黄河以南诸省区，东至浙江、福建、台湾，南达海南、广东、广西，西至陕西、四川、云南、贵州，北至河北、河南、山东。

珍贵等级　一类木材。

市场参考价格　7 000～9 000元/m³。

木文化　黄连木因其心材呈橄榄黄或金黄色，而且味苦，所削木片酷似中药黄连而得名。木材横切面上管孔呈比较整齐的人字形排列，其花纹犹如壮锦图案，十分美丽。弦切面小导管壁螺纹加厚明显，俨如编织的小花瓶。心材呈橄榄黄或金黄褐色，常具深色条纹，板面材色及花纹酷似

　　／　　濒危与珍贵
木材鉴别

黄花梨，市场上亦曾有人以此木冒充黄花梨。

木材宏观特征　心边材区别明显，心材橄榄黄或金黄色，常具深色条纹；边材浅黄褐色。环孔材；早材管孔多为1列，而且排列不紧密；晚材管孔细小，放大镜下呈整齐的"人"字形排列。生长轮明显。轴向薄壁组织傍管状。木射线肉眼下略见。

左
黄连木
宏观横切面

右
黄连木
实木

木材微观特征　早材管孔1列，沿年轮方向排列，但排列不紧密；晚材为管孔团及短径列或斜列复管孔，或呈"人"字形排列。小导管壁上螺纹加厚明显。导管分子单穿孔，管间纹孔式互列。轴向薄壁组织环管状。木射线非叠生，单列射线少，多列射线宽2～4细胞，多数高6～20细胞，射线组织异形Ⅲ型及异形Ⅱ型。径向树胶道常见。

左
黄连木
微观横切面

右
黄连木
微观弦切面

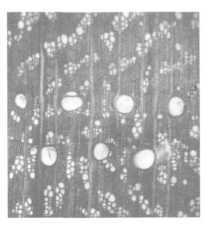
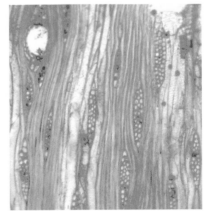

鉴别要点与相似树种

（1）鉴别要点：心边材区别明显，心材橄榄黄或金黄色，常具深色条纹。环孔材；早材管孔多为1列；晚材管孔细小，呈整齐的"人"字形排列。小导管壁上螺纹加厚明显。木射线非叠生，单列射线少，射线组织异形Ⅲ型及异形Ⅱ型。径向树胶道常见，这是黄连木属显著特征。

（2）相似树种：化香*Platycarya strobilacea* Sieb. et Zucc.。

核桃科化香树属。别名：放香、化果树、山麻柳。落叶乔木，树高达20m，胸径达60cm。主产我国华北、西南及长江中下游各省区。

心边材区别明显，心材浅栗色或栗褐色。生长轮明显。环孔材，早材管孔2～3列；早材至晚材急变；晚材管孔略小，呈"之"字形排列。轴向薄壁组织环管状及离管带状。木射线非叠生；单列射线较少；多列射线宽2～5细胞，高15～40细胞，多列射线的单列部分细胞近方形。射线组织异形Ⅱ型。射线细胞含菱形晶体。

黄连木与化香的区别如下。黄连木心材橄榄黄或金黄色，常具深色条纹；化香心材浅栗色或栗褐色。黄连木晚材管孔细小，呈整齐的"人"字形排列；化香晚材管孔略小，呈"之"字形排列。黄连木具径向树胶道；化香无径向树胶道。

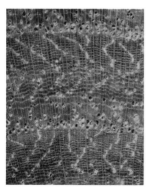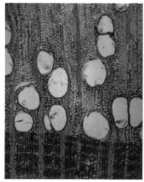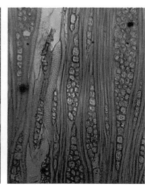

左
化香
宏观横切面

中
化香
微观横切面

右
化香
微观弦切面

材性及用途 气干密度约0.82 g/cm³。强度及硬度中等。加工略难，油漆或上蜡性能良好。宜用于制作椅类、床类、顶箱柜、沙发、餐桌、书桌等高级古典工艺家具及楼梯扶手、实木地板等。

2.52　柚木 *Tectona grandis* L. F.

<u>英文名称</u>　Teak。

<u>商品名或别名</u>　埋桑，嘎尚，嘎沙，泰柚，胭脂树，紫柚木，黄金木。

<u>科属名称</u>　马鞭草科，柚木属。

<u>树木性状及产地</u>　落叶大乔木，树高达50m，胸径达2.5m。原产缅甸、印度、泰国、印度尼西亚、老挝、越南等热带地区，我国云南、海南、广东、广西等省区有栽培。

<u>珍贵等级</u>　一类木材。

<u>市场参考价格</u>　1.1万～1.5万元/m³。

<u>木文化</u>　柚木是世界上最著名的珍贵木材之一。柚木质地坚硬、耐腐，是人类用钢铁造船以前世界上最好的造船材料之一。据说泰坦尼克号的甲板就是用柚木铺设的。现在，柚木仍然是豪华游艇甲板的首选材料之一。在缅甸，柚木被称为国树，被称为"树木之王""缅甸之宝"。柚木弦切面呈山水状花纹，在径切面呈平行线状花纹，装饰效果非常明显。

<u>木材宏观特征</u>　心边材区别明显，心材金黄褐色或暗褐色，具有油性感；边材微红黄褐色。生长轮明显。环孔材至半环孔材；早材管孔通常1～2列，管孔内富含侵填体；晚材肉眼下现白点；早材至晚材略急变。轴向薄壁组织环管状及轮界状。木材具光泽，略具皮革气味，有油性感，纹理直，结构略粗。

左
柚木
宏观横切面

右
柚木
实木

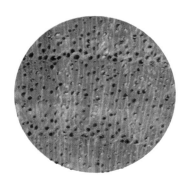 

<u>木材微观特征</u>　单管孔，少数2～3个径列复管孔，多含白色沉积物和侵填体。导管分子单穿孔，管间纹孔式互列。轴向薄壁组织环管状或环

管束状。分隔木纤维普遍。木射线非叠生；单列射线甚少，高2～5细胞；多列射线宽2～5细胞，高6～58细胞，同一射线有时出现两次多列部分。射线组织同形单列及多列，稀异形Ⅲ型。

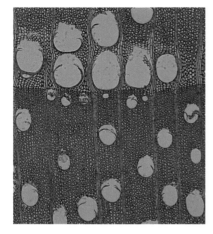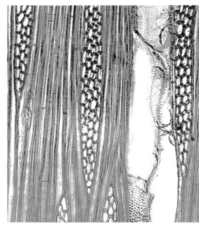

左
柚木
微观横切面

右
柚木
微观弦切面

鉴别要点与相似树种

（1）鉴别要点：心边材区别明显，心材金黄褐色或暗褐色，具有油性感；环孔材至半环孔材；早材管孔通常1～2列，管孔内富含侵填体；分隔木纤维普遍；木射线非叠生，单列射线甚少，多列射线宽2～5细胞；射线组织同形单列及多列，稀异形Ⅲ型。

（2）相似树种：檫木*Sassafras tzumu* (Hemsl.)Hemsl.。

樟科檫木属。别名：枫荷桂、功劳树、猪树楠、鸭掌柴。落叶大乔木，高达35m，胸径达2m。主产长江以南各省区。

心边材区别明显，心材暗褐色或栗褐色。环孔材，早材管孔2～5列，早材至晚材急变，晚材管孔斜列呈短波浪形。轴向薄壁组织环管状、似翼状。木射线非叠生；单列射线较少；多列射线宽2～4细胞，高10～20细胞。射线组织异形Ⅲ及异形Ⅱ型。油细胞或黏液细胞常见。

柚木与檫木的区别如下。柚木心材金黄褐色或暗褐色，具有油性感；檫木心材暗褐色或栗褐色。柚木分隔木纤维普遍；檫木分隔木纤维不见。柚木射线组织同形单列及多列，稀异形Ⅲ型；檫木射线组织异形Ⅲ及异形Ⅱ型。柚木无油细胞或黏液细胞；檫木油细胞或黏液细胞常见。

濒危与珍贵
木材鉴别

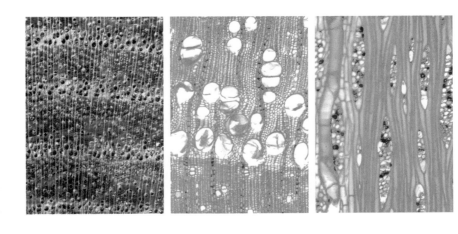

<u>材性及用途</u>　气干密度0.51～0.60g/cm³。硬度中，干缩小。加工容易，油漆或上蜡性能良好。宜用于制作椅类、床类、顶箱柜、沙发、餐桌、书桌等高级仿古典工艺家具及楼梯扶手、实木地板等。

2.53　水曲柳 *Fraxinus mandshurica* Rupr.

<u>英文名称</u>　Manchurian Ash。

<u>商品名或别名</u>　花曲柳，曲柳，白蜡树。

<u>科属名称</u>　木犀科，白蜡树属。

<u>树木性状及产地</u>　落叶大乔木，树高达35m，胸径达1.0m。主产我国东北及西北各省区；俄罗斯、日本及朝鲜等国家亦产。

<u>珍贵等级</u>　CITES附录Ⅲ监管物种；国家二级重点保护野生植物；一类木材。

<u>市场参考价格</u>　6 000～9 000元/m³。

<u>木文化</u>　因木材弦切面上的花纹犹如石头扔进水中时荡起的大水波，故名"水曲柳"。

<u>木材宏观特征</u>　心边材区别明显，心材灰褐或栗褐色，边材黄白或浅黄褐色。生长轮明显。环孔材，早材管孔3～4列；早材至晚材管孔急变；晚材管孔略小，散生。轴向薄壁组织环管状、翼状、傍管带状及轮界状。木材纹理直，结构粗。

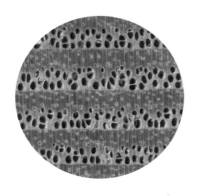

左
水曲柳
宏观横切面

右
水曲柳
实木

木材微观特征 单管孔及2个径列复管孔；部分导管内含侵填体。导管分子单穿孔，管间纹孔式互列。轴向薄壁组织傍管状、翼状、聚翼状及轮界状。木射线非叠生；单列射线较少；多列射线宽2～4细胞，高10～25细胞。射线组织同形单列及多列。射线细胞内常含树胶。

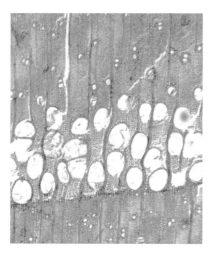
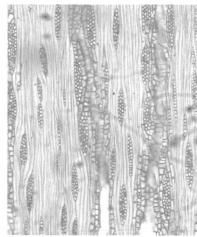

左
水曲柳
微观横切面

右
水曲柳
微观弦切面

鉴别要点与相似树种

（1）鉴别要点：心边材区别明显，心材灰褐或栗褐色。环孔材，早材管孔3～4列；早材至晚材管孔急变；晚材管孔略小，散生。轴向薄壁组织傍管状、翼状、聚翼状。木射线非叠生；单列射线较少；多列射线宽2～4细胞。射线组织同形单列及多列。

（2）相似树种：南酸枣*Choerospondias axillaris* (Roxb.) B. L. Burtt et

A. W. Hill。

漆树科南酸枣属。别名：酸枣、野山枣、鼻涕果、五眼果。落叶乔木，树高达20m，胸径达50cm。主产长江以南各省区。

心边材区别明显，心材红色或红褐色。环孔材；早材管孔2～3列；早材至晚材缓变；晚材管孔略小，散生。具分隔木纤维。轴向薄壁组织环管状。木射线非叠生，局部排列整齐，单列射线较少，多列射线宽2～4细胞，高10～20细胞；射线组织异形Ⅱ型。具径向树胶道。

水曲柳与南酸枣的区别如下。水曲柳心材灰褐或栗褐色；南酸枣心材红色或红褐色。水曲柳早材至晚材管孔急变；南酸枣早材至晚材缓变。水曲柳射线组织同形单列及多列；南酸枣射线组织异形Ⅱ型。水曲柳无径向树胶道；南酸枣具径向树胶道。

左
南酸枣
宏观横切面

中
南酸枣
微观横切面

右
南酸枣
微观弦切面

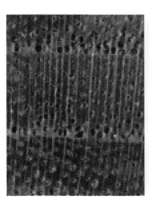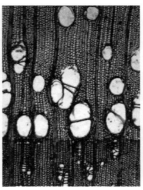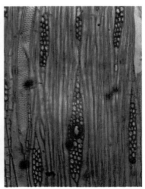

材性及用途　气干密度0.64～0.69g/cm³。强度、硬度中。耐腐性强，抗虫性弱。切削容易，切面光滑；油漆后光亮性好，胶黏容易。宜用于制作高档家具、运动器械、钢琴外壳。

2.54　榔榆 *Ulmus parvifolia* Jacq.

英文名称　Chinese Elm。

商品名或别名　翘皮榆，豺皮榆，红鸡油，铁树，蚊子树，鸡公稠，脱皮榆。

科属名称 榆科，榆属。

树木性状及产地 落叶乔木，树高达25m，胸径达1m。主产山东、陕西、山西、河南、江苏、浙江、安徽、福建、江西、湖南、湖北、广东、广西、台湾等省区。

珍贵等级 一类木材。

市场参考价格 4 500～6 000元/m³。

木文化 榔榆因材色赤红，有油蜡的感觉，且木材弦切面上有红色斑点，好像一层鸡油浮在汤上，故又称"红鸡油"。

木材宏观特征 心边材区别明显，心材红褐或暗红褐色，边材浅褐或黄褐色。生长轮明显。环孔材，早材管孔1～3列；早材至晚材管孔急变；晚材管孔小，波列状。轴向薄壁组织环管状，围绕管孔排列成波浪状。木材纹理斜，结构中。

左
榔榆
宏观横切面

右
榔榆
实木

木材微观特征 管孔团，少数2～3个径列复管孔。部分导管内含侵填体，导管分子局部叠生；小导管壁具螺纹加厚。导管分子单穿孔，管间纹孔式互列。轴向薄壁组织多为傍管状，并与维管管胞相聚。轴向薄壁细胞内含树胶及菱形晶体或晶簇，分室含晶细胞多至6个以上。木射线非叠生；单列射线较少；多列射线宽2～6细胞，高15～50细胞。同一射线内偶2次多列部分。射线组织同形单列及多列。射线细胞内含丰富树胶及菱形晶体。

濒危与珍贵
木材鉴别

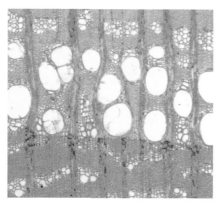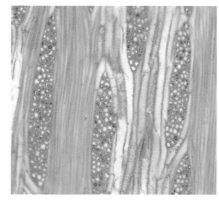

鉴别要点与相似树种

（1）鉴别要点：心边材区别明显，心材红褐或暗红褐色。环孔材，早材管孔1～2列；早材至晚材管孔急变；晚材管孔小，波列状。导管分子局部叠生；小导管壁具螺纹加厚。木射线非叠生；单列射线较少；多列射线宽2～6细胞。射线组织同形单列及多列。射线细胞内含丰富树胶及菱形晶体。

（2）相似树种：榉树*Zelkova schneideriana* Hand.–Mazz.。

榆科榆属。别名：血榉、红榉、大叶榉、石头树、沙榔树、毛脉。落叶大乔木，树高达25m，胸径达40cm；主产黄河以南各省区。

心边材区别明显，心材浅栗褐色带黄，边材黄褐色。生长轮明显。环孔材，早材管孔1列；早材至晚材急变；晚材管孔小，波列状。轴向薄壁组织环管状。导管分子及轴向薄壁组织均局部叠生。小导管内壁螺纹加厚明显。木射线非叠生；单列射线较少，多列射线宽4～7细胞，高20～40细胞。射线组织异形Ⅲ型或同形单列及多列。射线细胞内含丰富树胶及菱形晶体。榔榆与榉树许多构造特征都极为相似，应注意细致鉴别。

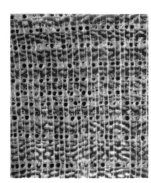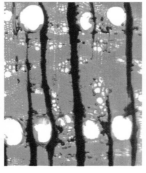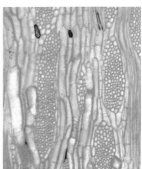

材性及用途 气干密度0.81～0.97g/cm³。强度中等，硬度甚大。耐腐性、抗虫性均中等。切削困难，切面光滑，生长轮在弦面呈漂亮抛物线花纹。油漆后光亮性优良，胶黏较容易。宜用于制作枕木、船舶、高档家具等。

2.55 榉树 *Zelkova schneideriana* Hand. –Mazz.

英文名称 Schneider Zelkova。

商品名或别名 血榉，红榉，大叶榉，石头树，黄榉，金丝榔，沙榔树，毛脉榉。

科属名称 榆科，榉属。

树木性状及产地 落叶大乔木，树高达25m，胸径达40cm。主产陕西、甘肃、江苏、安徽、浙江、江西、福建、河南、湖北、湖南、广东、广西、四川、贵州、云南和西藏等省区。

珍贵等级 国家二级重点保护野生植物；一类木材。

市场参考价格 5 500～7 000元/m³。

木文化 榉树，"榉"和"举"谐音，而我国古代科举中秀才皆以考中举人为目标。相传，天门山有一秀才人家，秀才屡试屡挫，妻子恐其沉沦，与其约赌，在家门口石头上种榉树，有心者事竟成。果不其然，榉树竟和石头长在了一起，秀才最终也中举归来。因"硬石种榉"与"应试中举"谐音，木石奇缘之中又含着祥瑞之征兆。榉树又称石头树。

木材宏观特征 心边材区别明显，心材浅栗褐色带黄，边材黄褐色。生长轮明显。环孔材，早材管孔1列；早材至晚材急变；晚材管孔

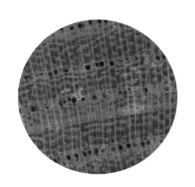

左
榉树
宏观横切面

右
榉树
实木

小，波列状。轴向薄壁组织环管状。木材纹理斜，结构中。

木材微观特征 管孔团，少数单管孔。导管分子及轴向薄壁组织均局部叠生。小导管内壁螺纹加厚明显。导管分子单穿孔，管间纹孔式互列。轴向薄壁组织环管状，薄壁细胞内含菱形晶体，分室含晶细胞多至5个以上。木射线非叠生；单列射线较少，多列射线宽4～7细胞，高20～40细胞。射线组织异形III型或同形单列及多列。射线细胞内含树胶及菱形晶体。

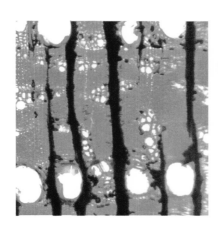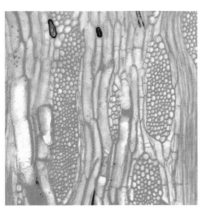

左
榉树
微观横切面

右
榉树
微观弦切面

鉴别要点与相似树种

（1）鉴别要点：心边材区别明显，心材浅栗褐色带黄。环孔材，早材管孔1列；早材至晚材急变；晚材管孔波列状。小导管内壁螺纹加厚明显。木射线非叠生；单列射线较少，多列射线宽4～7细胞，高20～40细胞。射线组织异形III型或同形单列及多列。

（2）相似树种：榔榆*Ulmus parvifolia* Jacq.。

榆科榆属。别名：翘皮榆、豺皮榆、红鸡油、脱皮榆。落叶乔木，树高达25m，胸径达1m。主产黄河以南各省区。心边材区别明显，心材红褐或暗红褐色。环孔材，早材管孔1～3列；早材至晚材管孔急变；晚材管孔小，波列状。轴向薄壁组织环管状，围绕管孔排列成波浪状。导管分子局部叠生；小导管壁具螺纹加厚。木射线非叠生；单列射线较少；多列射线宽2～6细胞，高15～50细胞。射线组织同形单列及多列。射线细胞内含丰富树胶及菱形晶体。

榔榆与榉树许多构造特征都极为相似，应注意细致鉴别。

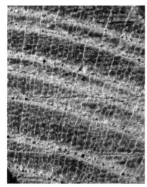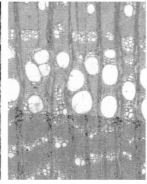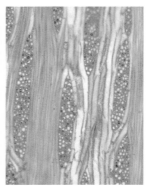

左
榔榆
宏观横切面

中
榔榆
微观横切面

右
榔榆
微观弦切面

材性及用途　气干密度0.81～0.97g/cm³。强度中等，硬度甚大。耐腐性、抗虫性均中等。切削困难，切面光滑，生长轮在弦面呈漂亮抛物线花纹。油漆后光亮性优良，胶黏较容易。宜用于制作枕木、船舶、高档家具等。

2.56　柞木 *Quercus mongolica* Fisch. et Turcz.

英文名称　Mongolian Oak。

商品名或别名　槲栎，柞栎，蒙栎，橡木，蒙古栎，参母南木（朝语）。

科属名称　壳斗科，栎属。

树木性状及产地　落叶大乔木，树高达30m，胸径达1m。主产黑龙江、吉林、辽宁、内蒙古、山西、河北、山东等省区。俄罗斯、蒙古、朝鲜、日本等国家亦产。

珍贵等级　CITES附录Ⅲ监管物种；一类木材。

市场参考价格　6 000～7 000元/m³。

木文化　柞木又称蒙古栎，在北方石子山地区有很好的固土作用，羊、牛及马都喜欢食它的鲜嫩枝叶及干叶，叶可饲蚕。

木材宏观特征　心边材区别明显，心材黄褐或浅暗褐色，边材浅黄褐色。生长轮明显。环孔材，早材管孔1～2列，心材富含侵填体；早材至晚材急变；晚材管孔小，呈火焰状径列。木射线具宽窄两类。木材纹理直，结构略粗，不均匀。

木材微观特征　单管孔。导管分子单穿孔，管间纹孔式互列。轴向

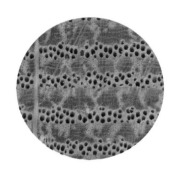

薄壁组织星散-聚合状、细弦线状（宽1~2细胞），少数环管状；薄壁细胞含少量树胶，具菱形晶体，分室含晶细胞可连续多至17个或以上。木射线非叠生；窄木射线通常单列，高2~31细胞或以上；宽木射线宽至许多细胞，被许多窄木射线分隔，高至许多细胞。射线组织同形单列及多列。部分射线细胞含树胶及菱形晶体。

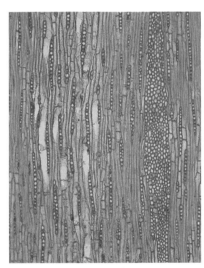

鉴别要点与相似树种

（1）鉴别要点：心边材区别明显，心材黄褐或浅暗褐色。环孔材，早材管孔1~2列，心材富含侵填体；早材至晚材急变；晚材管孔小，呈火焰状径列。木射线具宽窄两类。轴向薄壁组织星散-聚合状、环管状、细弦线状（宽1~2细胞）。窄木射线通常单列，宽木射线宽至许多细胞，被许多窄木射线分隔，高至许多细胞，常超出切片范围。射线组织同形单列及多列。

（2）相似树种：白栎 *Quercus fabri* Hance。

壳斗科栎属。别名：白皮栎、青冈树、大叶栎树。树高达30m，胸径达2m以上。全国各省区均有分布。朝鲜、日本也有分布。心边材区别略明显，材色颜色变化较大，浅褐色至玫瑰色。生长轮很明显。环孔材，早材管孔2～3列，侵填体丰富；早材至晚材急变；晚材管孔小，呈火焰状。轴向薄壁组织环管状及细弦线状。木射线具宽和窄两类。柞木与白栎许多特征均十分相似，应注意仔细鉴别。

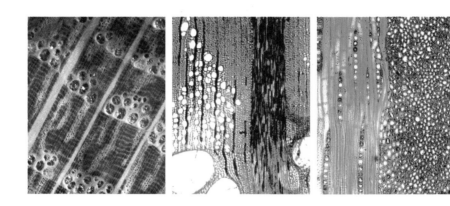

左
白栎
宏观横切面

中
白栎
微观横切面

右
白栎
微观弦切面

材性及用途　气干密度0.60～0.77 g/cm³。硬度大，强度高。不易胶黏、染色、雕刻，磨光性能也差。宜用于制作木地板、枕木、家具、建筑用材、啤酒桶、酒精桶等。

2.57　桑树 *Morus alba* L.

英文名称　White Mulberry。

商品名或别名　家桑，桑椹，白桑，纸皮，谷皮树，山桑树，沙蕾木。

科属名称　桑科，桑属。

树木性状及产地　落叶乔木，树高达15m，胸径达50cm。原产我国中部地区，现全国各地均有栽培。中亚细亚、欧洲及高加索地区亦产。

珍贵等级　一类木材。

市场参考价格　4 500～6 000元/m³。

由于该树的树皮及叶子均可入药，在沐浴时用桑枝拍打全身，可起到舒筋活络、消除疲劳的作用。

木材宏观特征 心边材区别明显，心材金黄或黄褐色，边材黄白或浅黄褐色。生长轮明显。环孔材，早材管孔2～3列；早材至晚材急变；晚材管孔略小，呈巢穴或波浪状，侵填体丰富。轴向薄壁组织环管束状、翼状及傍管带状。木材纹理直，结构中。

左
桑树
宏观横切面

右
桑树
实木

木材微观特征 管孔2～3个径列复管孔及管孔团。侵填体丰富。导管分子单穿孔，管间纹孔式互列。轴向薄壁组织傍管带状及轮界状，带宽3～4细胞，具菱形晶体，分室含晶细胞10个以上。具分隔木纤维。木射线非叠生；单列射线较少；多列射线宽2～6细胞，高15～50细胞。射线组织异形Ⅲ型，稀异形Ⅱ型。射线细胞内含菱形晶体。

左
桑树
微观横切面

右
桑树
微观弦切面

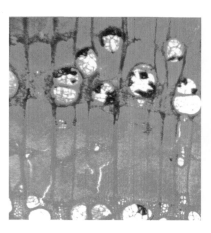
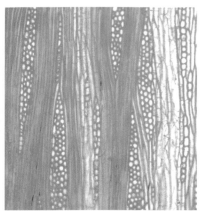

鉴别要点与相似树种

（1）鉴别要点：心边材区别明显，心材金黄或黄褐色。环孔材，早材管孔2～3列；早材至晚材急变，呈巢穴或波浪状，侵填体丰富。轴向薄壁组织环管束状、翼状及傍管带状。具分隔木纤维。木射线非叠生，单列射线较少，多列射线宽2～6细胞，高15～50细胞。射线组织异形Ⅲ型，稀异形Ⅱ型。

（2）相似树种：长穗桑 *Morus wittiorum* Hand.— Mazz.。

桑科桑属。别名：岩桑、黄桑、山桑、大皮桑。落叶乔木，树高达12m，胸径达40cm。主产湖南、湖北、广东、广西、贵州等省区。

心边材区别明显，心材金黄或黄褐色。生长轮明显。环孔材，早材管孔1～2列；早材至晚材急变；单个分布，侵填体丰富。轴向薄壁组织环管束状、翼状及傍管带状。木射线非叠生，单列射线（稀2列），高5～20细胞。射线组织异形单列。射线细胞内含丰富菱形晶体。

桑树与长穗桑的区别如下。桑树早材管孔2～3列；早材至晚材急变，晚材管孔呈波浪状，侵填体丰富；长穗桑早材管孔1～2列；早材至晚材急变，晚材管孔单个分布。桑树单列射线较少，多列射线宽2～6细胞，射线组织异形Ⅲ型，稀异形Ⅱ型；长穗桑主为单列射线，射线组织异形单列。射线细胞内含丰富菱形晶体。

 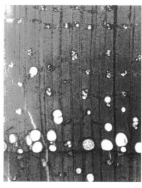 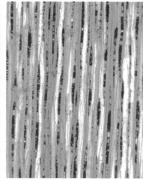

左
长穗桑
宏观横切面

中
长穗桑
微观横切面

右
长穗桑
微观弦切面

材性及用途 气干密度0.58～0.75g/cm³。强度中，硬度大。耐腐性、抗虫性强。切削容易，切面光滑；油漆后光亮性好，胶黏性好。宜用于制作椅类、床类、顶箱柜、沙发、餐桌、书桌等高级仿古典工艺家具。皮纤维可用于制作蜡纸及绝缘纸，叶可养蚕，根、皮可入药。

濒危与珍贵
木材鉴别

2.58　香椿 *Toona sinensis* (A. Juss.) Roem.

英文名称　Chinese Toona。

商品名或别名　春芽树，通枣，春花，香椿芽，香椿头，春甜树，椿菜头。

科属名称　楝科，香椿属。

树木性状及产地　落叶乔木，树高达20m，胸径达1m。为我国常见树种，分布区北达辽宁、河北、山西、内蒙古，南至东南沿海及台湾诸省区，西迄陕西、宁夏、甘肃，西南到四川、云南、贵州等省区。

珍贵等级　二类木材。

市场参考价格　2 000～3 000元/m³。

木文化　香椿是我国最负盛名的食菜树种之一。可将其嫩芽幼叶洗净后，用开水冲烫，再将其切成小丁，拌上豆腐，添加适量的油、盐、辣椒等配料，就成了美味可口的小菜。

木材宏观特征　心边材区别明显，心材深红褐色微黄，边材红褐色或灰红褐色。生长轮明显。环孔材，早材管孔2～3列，常含红褐色树胶；早材至晚材缓变至略急变；晚材管孔略小，散生。轴向薄壁组织环管状。木材纹理直，结构粗。

左
香椿
宏观横切面

右
香椿
实木

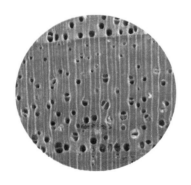 

木材微观特征　单管孔，少数2～3个径列复管孔，导管内树胶丰富。导管分子单穿孔，管间纹孔式互列，含树胶。轴向薄壁组织环管束状、轮界状。分隔木纤维常见。木射线非叠生；单列射线较少；多列射线宽2～5细胞，高5～35细胞。射线组织异形Ⅲ型及异形Ⅱ型。射线细胞含少量晶体。

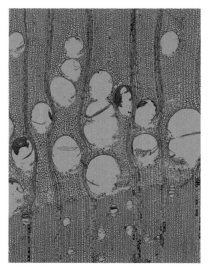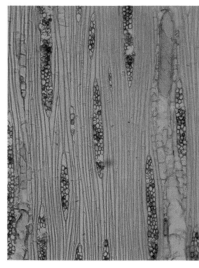

左
香椿
微观横切面

右
香椿
微观弦切面

鉴别要点与相似树种

（1）鉴别要点：心边材区别明显，心材深红褐色微黄。环孔材，早材管孔2～3列，常含红褐色树胶；早材至晚材缓变至略急变；晚材管孔略小，散生。轴向薄壁组织环管状及轮界状。木射线非叠生，单列射线较少，多列射线宽2～5细胞。射线组织异形Ⅲ型。

（2）相似树种：苦楝*Melia azedarach* L.。

楝科楝属。别名：森树、森木、白枣、楝枣、楝果子、楝子树。落叶乔木，树高达20m，胸径达1m。主产黄河以南各省区。

心边材区别明显，心材浅红褐色或红褐色微黄。生长轮明显。环孔材，早材管孔2～4列；常含红褐色树胶；早材至晚材略急变；晚材管孔略小，斜列。轴向薄壁组织环管束状及似翼状。单管孔及2～3个径列复管孔。导管分子单穿孔，管间纹孔式互列。木射线非叠生；单列射线较少；多列射线宽2～5细胞，高10～30细胞。射线组织异形Ⅲ型与同形单列及多列。射线细胞含树胶。

香椿与苦楝木材构造特征十分相似，应注意仔细鉴别。

濒危与珍贵
木材鉴别

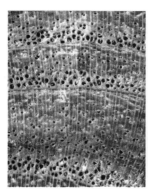

材性及用途　气干密度0.46～0.54g/cm³。强度低，硬度中。耐腐性稍强，抗蚁性弱。切削容易，切面光滑；油漆后光亮性良好，胶黏容易。宜用于制作中高档家具、橱柜及室内装饰。果及根可入药，叶、树皮及花可用于制杀虫剂。

2.59　红椿 *Toona ciliata* M. Roem.

英文名称　Suren Toona。

商品名或别名　红棟子，桃花森，香椿芽，榄姑笋，森木。

科属名称　棟科，香椿属。

树木性状及产地　落叶乔木，树高达25m，胸径达1.5m。主产福建、广东、广西、海南、云南、四川、湖南等省区。印度及中南半岛各国也有分布。

珍贵等级　国家二级重点保护野生植物；二类木材。

市场参考价格　3 000～4 000元/m³。

木文化　民间曾将红椿、香椿、棟树泛称为"棟树（棟木）"。在古代，人们认为蛟龙怕棟树的叶子。据民间传说，屈原投汨罗江自尽时，楚人担心蛟龙带虾兵蟹将吃掉所有的食物，就将包有棟树叶子的食物投入河中，给屈原食用。

木材宏观特征　心边材区别明显，心材浅砖红色至红褐色，边材浅黄白色。生长轮明显。环孔材，早材管孔1～2列，管孔具黑色树胶和侵填体；早材至晚材缓变；晚材管孔小，径列。轴向薄壁组织轮界状及环管束状。木材具芳香气味，纹理直，结构略粗。

木材微观特征　晚材管孔单管孔及2～5径列。导管分子单穿孔，管间纹孔式互列，多角形。分隔木纤维可见。轴向薄壁组织轮界状及环管束状，部分薄壁细胞含树胶，菱形晶体可见。木射线非叠生；单列射线少，高1～8细胞；多列射线宽2～5细胞，高4～16细胞。射线组织异形Ⅲ型，稀异形Ⅱ型。

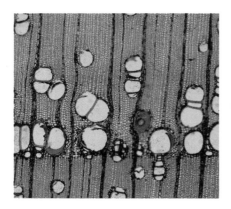
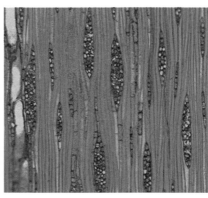

鉴别要点与相似树种

（1）鉴别要点：心边材区别明显，心材浅砖红色至红褐色。环孔材，早材管孔1～2列，管孔具黑色树胶和侵填体；早材至晚材缓变；晚材管孔小，散生或径列。轴向薄壁组织轮界状及环管束状。木射线非叠生；单列射线少，多列射线宽2～5细胞；射线组织异形Ⅲ型，稀异形Ⅱ型。

（2）相似树种：苦木*Picrasma quassioides* (D. Don) Benn.。

苦木科苦木属。别名：臭辣子、黄楝、苦胆木、苦树。落叶乔木，树高达10m，胸径达30cm。树皮极苦。主产我国华南，黄河中下游及长江中下游等地区；日本及朝鲜亦产。

心边材区别明显，心材深黄褐色。生长轮明显。环孔材，早材管孔1列；早材至晚材急变；晚材管孔小，簇集或单个。轴向薄壁组织环管束状，傍管带状及轮界状。单管孔及管孔团。导管分子、轴向薄壁组织及木纤维均叠生。导管分子单穿孔，管间纹孔式互列。木射线非叠生；单列射线高4～10细胞；多列射线宽2～4细胞，高10～30细胞。射线组织异形Ⅲ型或同形单列及多列。

红椿与苦木的区别如下。红椿心材浅砖红色至红褐色；苦木心材深黄褐色。红椿射线组织异形Ⅲ型，稀异形Ⅱ型；苦木射线组织异形Ⅲ型或同形单列及多列。

左
苦木
宏观横切面

中
苦木
微观横切面

右
苦木
微观弦切面

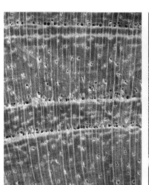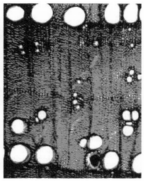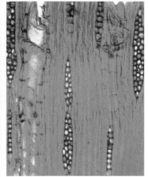

材性及用途　气干密度0.48～0.63g/cm³。强度、硬度中。耐腐性中，抗蚁性弱。切削容易，切面光滑；油漆后光亮性好，胶黏容易。宜用于制作雕刻品、中高档家具及装饰品。树皮可入药，又可用于制作杀虫剂。

2.60　檫木 *Sassafras tzumu* (Hemsl.) Hemsl.

英文名称　Chinese Sassafras。

商品名或别名　枫荷桂，功劳树，猪树楠，鸭掌柴，梓树，黄楸树，落叶樟。

科属名称　樟科，檫木属。

树木性状及产地　落叶大乔木，树高达35m，胸径达2m。主产江西、福建、湖南、湖北、安徽、广东、广西、云南等省区。

珍贵等级 二类木材。

市场参考价格 2 000～3 000元/m³。

木文化 檫木树叶有两种形状，一种像枫树叶，开2～3裂，另一种像荷木叶不开裂。因其叶子含有肉桂气味，故又称"枫荷桂"。

木材宏观特征 心边材区别明显，心材暗褐色或栗褐色，边材浅红或红褐色。生长轮明显。环孔材，早材管孔2～5列，心材导管中侵填体丰富；早材至晚材急变；晚材管孔中，斜列或短波浪形。轴向薄壁组织环管状。木材具樟脑气味且略带辛辣滋味。木材纹理直，结构粗。

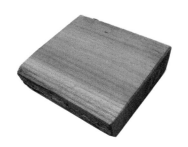

左
檫木
宏观横切面

右
檫木
实木

木材微观特征 单管孔，少数2个短径列复管孔。导管分子单穿孔，管间纹孔式互列。轴向薄壁组织似翼状，薄壁细胞内含油细胞。木射线非叠生；单列射线较少；多列射线宽2～4细胞，高10～20细胞。同一射线内偶2次多列部分。射线组织异形Ⅲ及异形Ⅱ型。射线细胞内含丰富树胶及油细胞。

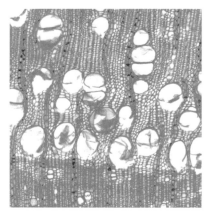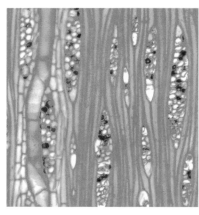

左
檫木
微观横切面

右
檫木
微观弦切面

濒危与珍贵
木材鉴别

（1）鉴别要点：心边材区别明显，心材暗褐色或栗褐色。环孔材，早材管孔2～5列，心材导管中侵填体丰富，早材至晚材急变，晚材管孔斜列或短波浪形。轴向薄壁组织环管状。木射线非叠生，单列射线较少，多列射线宽2～4细胞，高10～20细胞。射线组织异形Ⅲ及异形Ⅱ型。射线细胞内含丰富树胶及油细胞。

（2）相似树种：柚木*Tectona grandis* L.F.。

马鞭草科柚木属。别名：埋桑、泰柚、胭脂树、紫柚木、黄金木。落叶大乔木，树高达50m，胸径达2.5m。原产缅甸、印度、泰国等热带地区。我国云南、海南、广东、广西等省区有栽培。心边材区别明显，心材金黄褐色或暗褐色，具有油性感。环孔材至半环孔材；早材管孔通常1～2列，早材至晚材略急变。轴向薄壁组织环管状及轮界状。木材具光泽，略具皮革气味，有油性感。分隔木纤维普遍。木射线非叠生；单列射线甚少，高2～5细胞；多列射线宽2～5细胞，高6～58细胞。射线组织同形单列及多列，稀异形Ⅲ型。

檫木与柚木的区别如下。檫木心材暗褐色或栗褐色；柚木心材金黄褐色或暗褐色，具有油性感。檫木早材管孔2～5列，晚材管孔斜列或短波浪形；柚木早材管孔通常1～2列，晚材管孔单个分布。檫木多列射线高10～20细胞，射线组织异形Ⅲ及异形Ⅱ型，射线细胞内含丰富树胶及油细胞；柚木多列射线高6～58细胞。射线组织同形单列及多列，稀异形Ⅲ型，射线细胞内无油细胞。

左
柚木
宏观横切面

中
柚木
微观横切面

右
柚木
微观弦切面

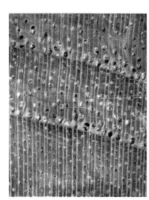 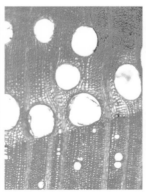 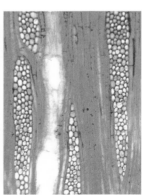

材性及用途　气干密度0.53～0.58g/cm³。强度低，硬度小。最耐腐且耐水湿，抗蚁性好。切削容易，切面光滑；光泽性好；油漆后光亮性好，胶黏容易。宜用于制作渔船船壳、甲板、客车车厢、枪托、中高档家具等。

2.61　香樟 *Cinnamomum camphora* (L.) Presl

英文名称　Camphor Tree。

商品名或别名　红心樟，乌樟，樟树，小叶樟，樟木，乌樟，方樟，香蕊。

科属名称　樟科，樟属。

树木性状及产地　常绿大乔木，树高达40m，胸径达4m。主产我国长江以南各省区及台湾地区；日本亦产。

珍贵等级　一类木材。

市场参考价格　4 000～5 500元/m³。

木文化　樟树全株具有樟脑般的清香，可驱虫，而且香气永远不会消失。根据明代李时珍解释"樟"字来源，是因为樟树木材上有许多纹路，像是大有文章的意思。所以就在"章"字旁加一个木字作为树名，故得名樟树。用香樟树叶煎汤，可以"浴脚气疥癣风痒"；用香樟木做木拖鞋，可以除脚气。用樟木做成的衣柜或木箱，存放衣物既不会被虫蛀也不会长霉菌，而且每次打开柜门时会有一股樟脑油的气味扑鼻而来。

木材宏观特征　心边材区别明显，心材红褐或红褐微带紫色，边材黄褐至灰褐色微红。生长轮明显。散孔材至半环孔材，管孔斜列，管孔内具侵填体。轴向薄壁组织环管状。木材樟脑气味经久不衰，味苦。木材纹理交错，结构细。

左
香樟
宏观横切面

右
香樟
实木

濒危与珍贵
木材鉴别

木材微观特征 管孔2～3个径列复管孔为主，稀单管孔。导管分子周围常伴有丰富油细胞。导管分子单穿孔，管间纹孔式互列。薄壁细胞内含甚多油细胞。木射线非叠生；单列射线较少；多列射线宽2～3细胞，高10～20细胞。同一射线内偶2次多列部分。射线组织异Ⅱ形型，稀异形Ⅲ型。射线细胞内含丰富油细胞及少量树胶。

左
香樟
微观横切面

右
香樟
微观弦切面

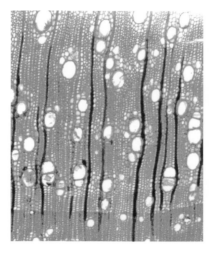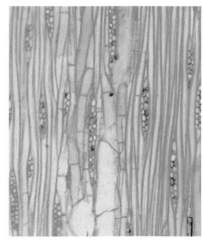

鉴别要点与相似树种

（1）鉴别要点：心边材区别明显，心材红褐或红褐微带紫色。散孔材至半环孔材，管孔斜列。管孔为2～3个径列、斜列复管孔。轴向薄壁组织环管状。木射线非叠生，单列射线较少，多列射线宽2～3细胞，高10～20细胞。射线组织异Ⅱ形型，稀异形Ⅲ型。薄壁组织细胞和射线细胞内含丰富油细胞或黏液细胞。木材樟脑气味浓郁持久。

（2）相似树种：黄樟*Cinnamomum porrectum* (Roxb.) Kosterm.。

樟科樟木属。别名：油樟、香樟、泡樟、黄樟、大叶樟、山椒。乔木，高达25m，胸径达1m。樟脑气味比香樟浓烈，但易挥发。主产我国西南、华南、东南沿海各省区。

心边材区别明显，心材紫红或紫黑色。生长轮明显。散孔材至半环孔材，管孔斜列。轴向薄壁组织环管状。单管孔及2～3个径列复管孔。导管分子单穿孔，少数梯状复穿孔。薄壁细胞内含丰富油细胞。木射线非叠生。单列射线较少；多列射线宽2～3细胞，高多为10～20细胞。同一射线内偶见2次多列部分。射线组织异形Ⅱ型，稀异形Ⅲ型。射线细胞内含丰富油细胞及部分树胶。

黄樟与香樟的木材构造十分相似，仅靠木材构造特征很难将两者区分开来。如果有树叶，香樟与黄樟则很容易区分。香樟叶子的叶脉为三出脉；黄樟叶子的叶脉为羽状脉。

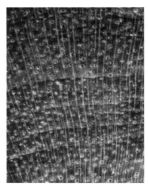  

左
黄樟
宏观横切面

中
黄樟
微观横切面

右
黄樟
微观弦切面

材性及用途 气干密度0.54～0.58 g/cm³。强度低，硬度小。耐腐性强，抗虫性强。切削容易，切面光滑。光泽性强，径切面上具颜色深浅不同条纹；油漆后色泽更光亮美观；胶黏容易。宜用于制作船材、车辆、运动器械、木雕。木材樟脑味浓且经久不衰，可制作衣箱，防虫蛀。其枝、叶、根均可用于制造樟脑及樟脑油。

2.62　山核桃 *Carya cathayensis* Sarg.

英文名称 Cathay Hickory。

商品名或别名 山蟹，小胡桃，核桃。

科属名称 胡桃科，山胡桃属。

树木性状及产地 落叶乔木，树高达30m，胸径达40cm。主产浙江、福建、安徽、湖南、贵州等省区。

珍贵等级 一类木材。

市场参考价格 4 500～6 000元/m³。

濒危与珍贵
木材鉴别

木文化　核桃果实外形似桃，食用其核仁，故名核桃。为世界四大干果之一。它因能补气益血，延年益寿，故在国内享有"万岁子""长寿果""养人之宝"的美称。考古学家在山东省临朐县城东20公里的山旺村，发现的山核桃、核桃化石，说明远在1 500万年以前，核桃已是生长于我国的古老树种。

木材宏观特征　心边材区别明显，心材暗红褐或栗褐色，边材浅黄褐色或浅栗褐色。生长轮明显。半环孔材，管孔呈之字形排列。轴向薄壁组织离管带状。木材纹理直，结构细。

左
山核桃
宏观横切面

右
山核桃
实木

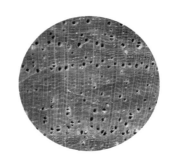

木材微观特征　单管孔，少数2～3个径列复管孔。导管分子单穿孔，管间纹孔式互列。轴向薄壁组织离管带状，宽1～2细胞，含菱形晶体。木射线非叠生；单列射线少，高2～8细胞；多列射线宽2～4细胞，高10～25细胞。同一射线内偶见2次多列部分。射线组织异形Ⅱ型。射线细胞常含树胶及菱形晶体。

左
山核桃
微观横切面

右
山核桃
微观弦切面

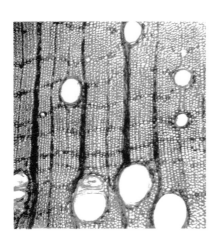
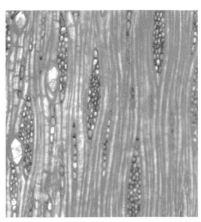

（1）鉴别要点：心边材区别明显，心材暗红褐或栗褐色。半环孔材，管孔呈之字形排列。轴向薄壁组织离管带状，宽1～2细胞，含菱形晶体。木射线非叠生；单列射线少，多列射线宽2～4细胞。射线组织异形Ⅱ型。射线细胞常含菱形晶体。

（2）相似树种：枫杨*Pterocarya stenoptera* C. DC.。

胡桃科枫杨属。别名：大叶柳、元宝树、水核桃、沙落木、燕子柳、水麻柳。乔木，高可达30m，直径达1.0m。主产东北、华北及长江以南各省区。

半环孔材，早材管孔2～3列，晚材管孔斜列或呈之字形。心边材区别不明显，木材浅黄褐色或黄褐色。生长轮明显。轴向薄壁组织细线状（宽1细胞）、星散-聚合状。木射线非叠生，单列射线较多，多列射线宽2～3细胞，多数高10～20细胞，射线组织同形单列及多列，稀异形Ⅱ型。

山核桃与枫杨的区别如下。山核桃心边材区别明显，心材暗红褐或栗褐色；枫杨心边材区别不明显，木材浅黄褐色或黄褐色。其余特征两者十分相似，注意细致鉴别。

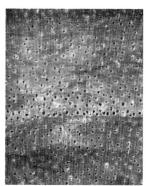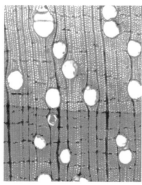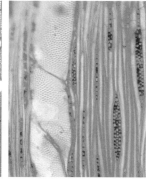

左
枫杨
宏观横切面

中
枫杨
微观横切面

右
枫杨
微观弦切面

材性及用途　气干密度0.37～0.47 g/cm³。木材纹理交错，结构中；强度及硬度中等。加工容易，油漆或上蜡性能良好。宜用于制作椅类、床类、顶箱柜、沙发、餐桌、书桌等中高档家具。

2.63　黑胡桃 *Juglans nigra* L.

英文名称　Black Walnut。

商品名或别名　黑核桃，美国黑胡桃。

科属名称　胡桃科胡桃属。

树木性状及产地　落叶乔木，树高达27m，胸径达1.2m。主产美国东部，西到得克萨斯中部。

珍贵等级　一类木材。

市场参考价格　8 000～10 000元/m³。

木文化　黑胡桃因其种子的外壳为黑色而得名。黑胡桃的根可分泌一种有毒性的挥发性物质——核桃醌，不仅对其周围的昆虫有毒杀作用，还能杀死其周围的番茄、苹果树等植物。

木材宏观特征　心边材区别明显，心材淡褐色至浓巧克力色或紫褐色，边材稍带白色至淡黄色。生长轮明显。半环孔材；管孔内侵填体相当丰富。木材纹理直或交错，结构粗而均匀。

左
黑胡桃
宏观横切面

右
黑胡桃
实木

木材微观特征　单管孔，少数2～3个径列复管孔。导管分子单穿孔，管间纹孔式互列。轴向薄壁组织星散状，稀疏环管状至环管状。木射线非叠生；单列射线，高4～10细胞；多列射线宽2～5细胞，高11～20细胞。射线组织异形单列及异形Ⅱ型。

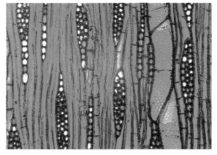

鉴别要点与相似树种

（1）鉴别要点：心边材区别明显，心材淡褐色至浓巧克力色或紫褐色。半环孔材；管孔内侵填体相当丰富。轴向薄壁组织星散状、稀疏环管状至环管状。木射线非叠生；单列射线，高4～10细胞；多列射线宽2～5细胞，高11～20细胞。射线组织异形单列及异形Ⅱ型。

（2）相似树种：山核桃*Carya cathayensis* Sarg.。

胡桃科山胡桃属。别名：山蟹、小胡桃、核桃。落叶乔木，树高达30m，胸径达40cm。主产浙江、福建、安徽、湖南、贵州等省区。

心边材区别明显，心材暗红褐或栗褐色，边材浅黄褐色或浅栗褐色。生长轮明显。半环孔材，管孔呈之字形排列。轴向薄壁组织离管带状，宽1～2细胞，含菱形晶体。木射线非叠生；单列射线少，多列射线宽2～4细胞。射线组织异形Ⅱ型。射线细胞常含菱形晶体。

黑胡桃与山核桃的区别如下。黑胡桃心材淡褐色至浓巧克力色或紫褐色；山核桃心材暗红褐或栗褐色。黑胡桃轴向薄壁组织星散状、稀疏环管状至环管状；山核桃轴向薄壁组织离管带状。

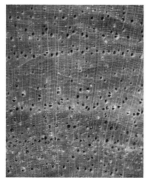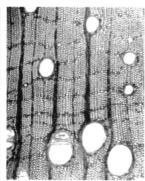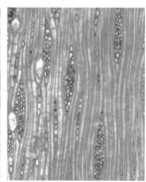

左
山核桃
宏观横切面

中
山核桃
微观横切面

右
山核桃
微观弦切面

材性及用途 气干密度0.64～0.68g/cm³。强度、硬度中。耐腐性强，抗虫性稍差。切削及刨光容易，切面光滑；油漆后光亮性很好，胶黏容易。宜用于制作枪托、高级家具、钢琴壳、雕刻工艺品、飞机螺旋桨及机翼。树皮及外果皮可浸提单宁，种子可榨油及药用。

2.64 红锥 *Castanopsis hystrix* A. DC.

英文名称 Spinybract Evergreen Chinkapin。

商品名或别名 藜木，赤藜，红缘，吊罗锥，红栲。

科属名称 壳斗科，锥属。

树木性状及产地 常绿乔木，树高达20m，胸径达1m。主产福建、广东、广西、云南等省区。越南及印度亦产。

珍贵等级 二类木材。

市场参考价格 3 000～4 500元/m³。

木文化 据传唐朝有位英勇的伏波将军，他热爱国家，爱护百姓，武艺高强，勇猛善战，是朝廷当之无愧的前锋大将军。伏波将军的坟上冒出一棵枝青叶绿的红锥树，很快就长成参天大树了。这棵红锥树从不结红椎果，也不产红锥菇，乡亲们都说这棵树是伏波将军的化身。

木材宏观特征 心边材区别明显，心材鲜红色或砖红色，边材暗红褐色。生长轮明显。半环孔材，早材管孔1～4列；早材至晚材缓变；晚材管孔小，火焰状。轴向薄壁组织环管状及细弦线状。木材纹理斜，结构细。

左
红锥
宏观横切面

右
红锥
实木

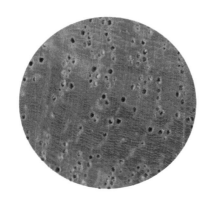

木材微观特征 单管孔。导管分子单穿孔，管间纹孔式互列。轴向薄壁组织星散状-聚合状，带宽1~2细胞。木射线非叠生；单列射线，高2~20细胞。射线组织同形单列。射线细胞内含丰富树胶。

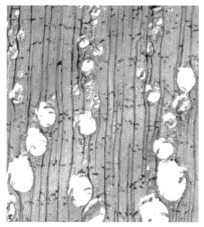 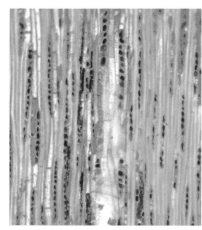

左
红锥
微观横切面

右
红锥
微观弦切面

鉴别要点与相似树种

（1）鉴别要点：心边材区别明显，心材鲜红色或砖红色。半环孔材，早材管孔1~4列；早材至晚材缓变；晚材管孔小，火焰状。轴向薄壁组织环管状及细弦线状。木射线非叠生；单列射线，高2~20细胞。射线组织同形单列。

（2）相似树种：裂斗锥*Castanopsis fissa* Rehd. et Wils.。

壳斗科锥属。别名：大叶栎、厚栗、藜朔、槲树。常绿乔木，树高达20m，胸径达40cm。主产长江以南各省区。

心边材区别不明显，材色浅栗色或浅褐色。生长轮明显。环孔材，早材管孔3~5列；早材至晚材缓变；晚材管孔小，火焰状。轴向薄壁组织环管状。木射线具宽细两类。木材纹理直，结构粗。单管孔。导管分子单穿孔，管间纹孔式互列。轴向薄壁组织星散-聚合状。木射线非叠生；单列射线或对列高5~15细胞；宽射线（聚合木射线）高度超出切片范围。射线组织同形单列及多列。

红锥与裂斗锥的区别是：红锥心材鲜红色或砖红色；裂斗锥材色为浅栗色或浅褐色。其余特征红锥与裂斗锥十分相似，注意仔细鉴别。

濒危与珍贵
木材鉴别

左
裂斗锥
宏观横切面
中
裂斗锥
微观横切面
右
裂斗锥
微观弦切面

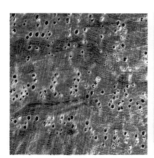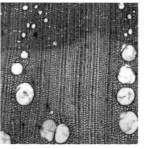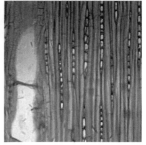

材性及用途　气干密度0.72～0.78g/cm³。强度、硬度中等。耐腐性强，抗虫性中等。切削容易，切面光滑；油漆后光亮性好，胶黏容易。宜用于制作渔轮船壳、高档家具、雕刻品、运动器械等。

2.65　水青冈 *Fagus longipetiolata* Seem.

英文名称　Beech。

商品名或别名　白米树，麻栎青冈，杂子树，山毛榉，长柄水青冈。

科属名称　壳斗科，水青冈属。

树木性状及产地　落叶乔木，树高达25m，胸径达60cm。主产浙江、江西、安徽、四川、贵州、云南、湖北、湖南、广东、广西等省区。

珍贵等级　一类木材。

市场参考价格　4 500～6 000元/m³。

木文化　水青冈是第三纪残留下来的古老高大植物，是北半球温带、亚热带山地植被的"良将"，材质坚韧乳白，纹理细致优美。

木材宏观特征　心边材区别不明显，材色浅红褐或红褐色。生长轮略明显。散孔材至半环孔材。轴向薄壁组织短细弦线状。木射线具宽窄两类。木材纹理直，结构中。

木材微观特征　单管孔及2～3个径列复管孔，不规则形。导管分子单穿孔，管间纹孔式对列。轴向薄壁组织星散-聚合状。薄壁细胞内树胶丰富。木射线非叠生；窄木射线的单列射线高2～12细胞；多列射线宽2～4细胞，高10～30细胞；宽射线（多列射线）宽10～20细胞，高常超出切片范围。射线组织同形单列及多列。射线细胞内含丰富树胶。

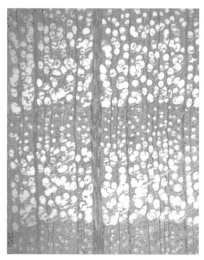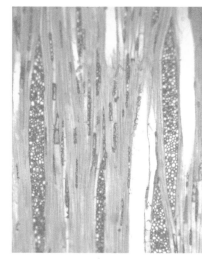

左
水青冈
微观横切面

右
水青冈
微观弦切面

鉴别要点与相似树种

（1）鉴别要点：心边材区别不明显，材色浅红褐或红褐色。散孔材至半环孔材。轴向薄壁组织短细弦线状、星散-聚合状。木射线非叠生；窄木射线为单列射线，高2～12细胞；宽射线（多列射线）宽10～20细胞，高常超出切片范围。射线组织同形单列及多列。

（2）相似树种：欧洲水青冈 *Fagus sylvtica* L.。

壳斗科水青冈属。别名：欧榉、欧洲山毛榉。落叶大乔木，树高30m或以上，胸径达1.2m。主产欧洲中部及英国等地区。

心边材区别不明显，木材白色至灰白棕色，久置空气中变红棕色。散孔材至半环孔材。木射线具宽窄两类，宽者肉眼下明显，沿生长轮界膨胀，窄者甚窄。轴向薄壁组织细弦线状（宽1细胞）、星散-聚合状。木射线非叠生；单列射线，高1～18细胞；多列射线宽2～19细胞，高6～100细胞以上。射线组织同形单列及多列。

濒危与珍贵
木材鉴别

水青冈与欧洲水青冈的区别如下。水青冈材色浅红褐或红褐色；欧洲水青冈材色灰白色，久置空气中变红棕色。其余特征水青冈与欧洲水青冈十分相似，应注意仔细鉴别。

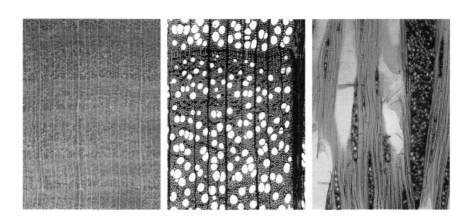

材性及用途 气干密度0.67～0.72g/cm³。硬度、强度中至大。加工性能较好，不耐腐。宜用于制作装饰单板、钢琴调音板、纺织器材、室内装修、木地板等。

2.66 二齿铁线子 *Manilkara bidentata* A. Cher.

英文名称 Macaranduba。

商品名或别名 红檀，樱檀，铁木。

科属名称 山榄科，铁线子属。

树木性状及产地 常绿大乔木，树高达45m，胸径达1.2m。主产圭亚那、苏里南、委内瑞拉、巴西、墨西哥、秘鲁、巴拿马、波多黎各、多米尼加等美洲国家或地区的热带。

珍贵等级 二类木材。

市场参考价格 3 000～4 500元/m³。

木文化 铁线子属树木是广泛分布于西印度群岛热带和美洲中南部热带地区常见的名贵商品材树种。我国海南、广东、广西等省区栽培的珍稀水果——人心果，也属于铁线子属树木。铁线子属木材重硬，木材气干密度均大于1.0g/cm³。

木材宏观特征　心边材区别略明显，心材深红褐色至暗红褐色略带紫，具黑色细条纹，久则成锈褐色；边材色稍浅。辐射孔材，管孔内常充满黄白色的沉积物。轴向薄壁组织离管带状，常与木射线构成网状。木材纹理直至略交错，结构甚细、均匀。

左
二齿铁线子
宏观横切面

右
二齿铁线子
实木

木材微观特征　单管孔及2～5个径列复管孔。导管分子单穿孔，管间纹孔式互列。轴向薄壁组织离管带状，带宽1～2细胞，分室含晶细胞量多，内含菱形晶体达12或以上。木射线非叠生；单列射线，高1～14细胞；多列射线宽2细胞，高3～27细胞。同一射线有时偶2次以上多列部分，多列部分常与单列部分近等宽。射线组织多为异形I型，少数为异形Ⅱ型。部分射线细胞含树胶。

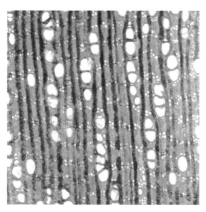

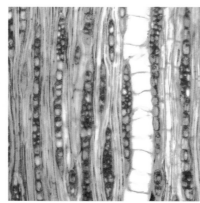

左
二齿铁线子
微观横切面

右
二齿铁线子
微观弦切面

鉴别要点与相似树种

（1）鉴别要点：心边材区别略明显，心材深红褐色至暗红褐色略带

濒危与珍贵
木材鉴别

紫。辐射孔材，管孔内常充满黄白色的沉积物。轴向薄壁组织离管带状，常与木射线构成网状。木射线非叠生；单列射线少，多列射线宽2细胞，同一射线有时偶2次以上多列部分，多列部分常与单列部分近等宽。射线组织异形I型及Ⅱ型。

（2）相似树种：迈氏铁线子 *Manilkara merrilliana*、铁线子 *Manilkara* spp.。

山榄科铁线子属。心边材区别略明显，心材深红褐色至暗红褐色略带紫，具黑色细条纹。辐射孔材，管孔内常充满黄白色的沉积物。轴向薄壁组织离管带状，常与木射线构成网状。木射线非叠生；单列射线，高1～14细胞；多列射线宽2细胞，高3～27细胞。同一射线有时偶2次以上多列部分，多列部分常与单列部分近等宽。射线组织多为异形I型，少数为异形Ⅱ型。部分射线细胞含树胶。

二齿铁线子与迈氏铁线子、圭亚那铁线子许多构造特征均很接近，需注意仔细鉴别。

左
迈氏铁线子
宏观横切面
中
迈氏铁线子
微观横切面
右
迈氏铁线子
微观弦切面

左
铁线子
宏观横切面
中
铁线子
微观横切面
右
铁线子
微观弦切面

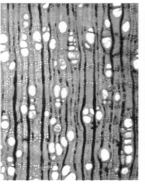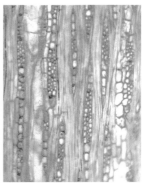

材性及用途　气干密度0.96～1.10 g/cm³。硬度大，强度高。耐腐。宜用于制作矿柱、码头木桩、枕木、桥梁、高级家具、木地板、工具柄等。

2.67　海南子京 *Madhuca hainanensis* Chun et How

英文名称　Hainan Butter-Tree。

商品名或别名　海南紫荆木，指经，刷空母，子京，摩那，海南马胡卡。

科属名称　山榄科，子京属。

树木性状及产地　常绿乔木，树高达30m，胸径达1m。树外皮暗紫褐色，内皮粉红色，砍伐后有浅黄白色黏性汁液流出。主产海南、广西。

珍贵等级　国家二级重点保护野生植物；一类木材。

市场参考价格　4 500～6 000元/m³。

木文化　传说昔年神农氏尝百草，遇紫荆木，坚韧难断，于是神农氏铸斧一把，断紫荆木如摧枯拉朽，故该斧头又名"紫荆斧"。

木材宏观特征　心边材区别略明显，心材暗红褐色或栗褐色，边材浅红褐色。生长轮略明显。辐射孔材，管孔中至略大，肉眼下可见至略明显。轴向薄壁组织环管状及离管带状。木材纹理斜，结构细，具辛辣气味。

左
海南子京
宏观横切面

右
海南子京
实木

木材微观特征　管孔多数2～3个或单串径列、斜列，有时呈花彩孔材。导管分子单穿孔，管间纹孔式互列。离管带状薄壁组织宽2～3细胞，含丰富硅石。木射线非叠生；单列射线（稀2列或对列）高4～15细胞。射线组织异形Ⅱ型。射线细胞部分含树胶及硅石。

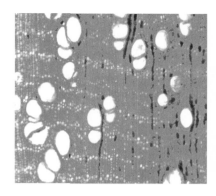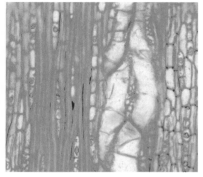

鉴别要点与相似树种

（1）鉴别要点：心边材区别略明显，心材暗红褐色或栗褐色。辐射孔材。轴向薄壁组织环管状及离管带状。木射线非叠生；单列射线（稀2列或对列）高4～15细胞。射线组织异形Ⅱ型。

（2）相似树种：马来亚子京 *Madhuca utilis* H. J. Lam.。

山榄科子京属。常绿大乔木，树高达45m，胸径达1m。主产马来半岛及沙巴岛。

心边材区别明显，心材暗红褐色，边材色浅。生长轮不明显或略明显。辐射孔材，大小略一致，斜列略呈之字形。具侵填体。导管分子单穿孔，管间纹孔式互列。轴向薄壁组织肉眼下略见，弦向细带状（宽1～2细胞）、星散状。木射线非叠生；主为单列射线；多列射线数少，宽2细胞。射线组织异形单列及多列。射线细胞含树胶。

海南子京与马来亚子京的区别如下。海南子京管孔内仅黄白色沉积物；马来亚子京管孔内具侵填体。其他特征十分相似，需注意仔细鉴别。

左
马来亚子京
微观横切面

中
马来亚子京
宏观横切面

右
马来亚子京
微观弦切面

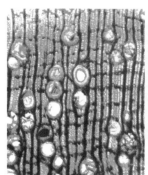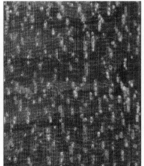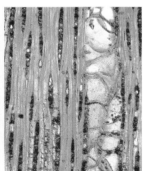

气干密度0.98～1.18g/cm³。强度极高，硬度较大。耐腐性、抗蚁性极强。切削困难，切面光滑；油漆后光亮性较好，胶黏性一般。宜用于制作渔船龙骨、高级家具、木地板、雕刻品、运动器械、轴承。种仁可榨油；树皮可提炼栲胶。

2.68 铁力木 *Mesua ferrea* L.

英文名称 Ceylon Ironwood。

商品名或别名 三角子，墨满那，铁栗子，铁棱，铁木，铁乌木。

科属名称 藤黄科，铁力木属。

树木性状及产地 常绿大乔木，树高达30m，胸径达80cm。主产我国云南省。印度、越南、柬埔寨、老挝、泰国等国家亦产。

珍贵等级 一类木材。

市场参考价格 6 500～8 000元/m³。

木文化 铁力木是木质最坚硬的树种之一，是云南特有的珍贵阔叶树种。铁力木家具在明清家具中一直充当着默默无闻的角色，它的存世数量不算少，但在有关专著中，却很少出现对它的介绍。尽管专家学者们对它不乏赞美之词，但铁力木家具地位一直很低，得不到应有的重视。

木材宏观特征 心边材区别明显，心材暗红褐色，边材浅红褐色。散孔材，管孔略小，肉眼下呈白点状。生长轮不明显。轴向薄壁组织环管状及离管带状。木材纹理交错，结构细而均匀。

左
铁力木
宏观横切面

右
铁力木
实木

木材微观特征 单管孔。导管分子单穿孔，管间纹孔式互列。轴向薄壁组织离管带状，带宽2～4细胞。木射线非叠生，射线单列为主，稀对列或2列，高3～20细胞；射线组织异形Ⅲ型及异形Ⅱ型。射线细胞内含丰富树胶及菱形结晶体。

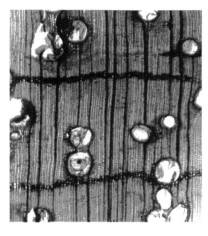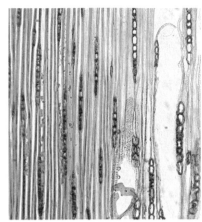

左
铁力木
微观横切面

右
铁力木
微观弦切面

鉴别要点与相似树种

（1）鉴别要点：心边材区别明显，心材暗红褐色。散孔材。轴向薄壁组织环管状及离管带状。木射线非叠生，射线单列为主，稀对列或2列，高3～20细胞；射线组织异形单列。

（2）相似树种：乔状黄牛木*Cratoxylum arborescens* (Vahl.) Bl.。

藤黄科黄牛木属。别名：黄赏、黄胶、雀笼木。常绿乔木，树高达42m，胸径达1m。主产越南、泰国、缅甸、马来西亚、印度尼西亚等国家。我国云南、广东、广西亦产。

心边材区别略明显，心材浅橘红色；边材浅黄褐色。生长轮略明显。辐射孔材，管孔斜列或径列。导管分子单穿孔，管间纹孔式互列。轴向薄壁组织星散状及环管状。木射线非叠生；单列射线多，多列射线宽2～3细胞，高10～25细胞。同一射线内偶2～3次多列部分。射线组织异形Ⅱ型或异形Ⅲ型。射线细胞内含丰富树胶及晶体。

铁力木与乔状黄牛木的区别如下。铁力木心材暗红褐色；乔状黄牛木心材浅橘红色。铁力木射线单列为主，稀对列或2列，射线组织异形单列；乔状黄牛木单列射线较多，多列射线宽2～3细胞，射线组织异形Ⅱ型或异形Ⅲ型。

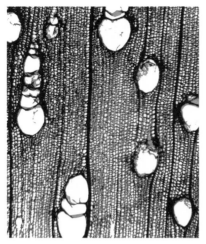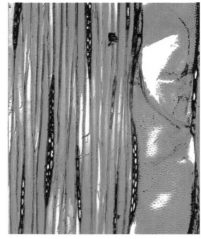

左
乔状黄牛木
微观横切面

右
乔状黄牛木
微观弦切面

材性及用途　气干密度约1.08 g/cm³。强度高、硬度大。耐腐性、抗虫性极强；木材加工困难，但抛光面光滑，油漆或上蜡性能良好。宜用于制作椅类、床类、沙发、餐桌、书桌等高级古典工艺家具及楼梯扶手等。

2.69　母生 *Homalium hainanense* Gagnep.

英文名称　Hainan Homalium。

商品名或别名　麦天料（黎语），红花天料木，马拉斯，龙角，天料，高根，麻生。

科属名称　天料木科，天料木属。

树木性状及产地　常绿乔木，树高达20m，胸径达1.0m。原产海南省。广东、广西、云南等省区有栽培。越南亦产。

珍贵等级　一类木材。

市场参考价格　4 500～6 000元/m³。

木文化　母生是海南的地方名称，其科学名称叫红花天料木。母生是指这种树长大成材被砍伐后，会从树桩根部萌发出许多幼苗来，所以被称作"母生"。母生是海南著名的乡土树种之一，是海南特有的名贵木材。相传以前很多海南老百姓在生得女儿后，都会在庭园里种植数量不等的母生树，为女儿长大出嫁制作嫁妆筹备木材。

木材宏观特征　心边材区别不明显或略明显，心材红褐色或暗红褐色，越近心越红。散孔材，管孔细小。轴向薄壁不可见。木射线放大镜下明显。木材纹斜至交错，结构细而均匀。

木材微观特征　单管孔及2～3个径列复管孔。导管分子单穿孔，管间纹孔式互列。分隔木纤维常见。木射线非叠生。单列射线少，高1～11细胞；多列射线宽2细胞，高8～4细胞或以上。射线组织异形Ⅱ型及Ⅰ型，其单列部分比二列部分高得多，通常超出切片范围；单列部分的射线细胞细长酷似竹竿状，这是本种最大特点。

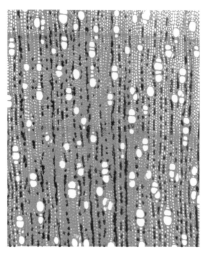
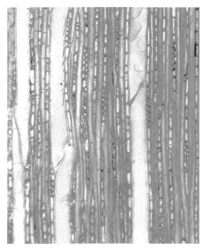

鉴别要点与相似树种

（1）鉴别要点：心边材区别不明显或略明显，心材红褐色或暗红褐色，越近心越红。散孔材，管孔细小。轴向薄壁组织不可见。分隔木纤维常见。木射线非叠生；单列射线少，高1～11细胞；多列射线宽2细胞,高8～4细胞或以上。射线组织异形Ⅱ型及Ⅰ型，其单列部分比二列部分高得多。

（2）相似树种：烈味天料木*Homalium foetidum*（Roxb.）Benth.。

天料木科天料木属。常绿大乔木，树高达40m，胸径达1.5m。主产巴布亚新几内亚、马来西亚、印度尼西亚、菲律宾、缅甸等国家。

心边材区别略明显，心材红色或红褐色，边材灰黄褐色。生长轮略明显。散孔材；管孔小至略小；单管孔及2～3个径列复管孔。导管分子单穿孔，管间纹孔式互列。轴向薄壁组织星散状。具分隔木纤维。木射线非叠生；单列射线少；多列射线宽2细胞。同一射线内偶2次多列部分。射线组织异形Ⅱ型及异形Ⅰ型。射线细胞内含树胶及菱形晶体。木材纹理斜，结构细。

母生与烈味天料木的区别如下。母生心材红褐色或暗红褐色，越近心越红；烈味天料木心材红色或红褐色。母生轴向薄壁组织不可见；烈味天料木轴向薄壁组织星散状。其余构造特征均十分相似，需注意仔细鉴别。

 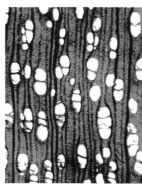 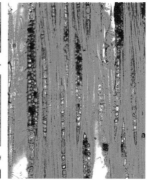

左
烈味天料木
宏观横切面

中
烈味天料木
微观横切面

右
烈味天料木
微观弦切面

材性及用途 气干密度约0.82g/cm³。木材强度高，硬度甚大。加工略难，油漆或上蜡性能良好。宜用于制作椅类、床类、沙发、餐桌、书桌、画案等高级仿古典工艺家具及楼梯扶手等。

濒危与珍贵
木材鉴别

2.70 胶漆树 *Gluta renghas* L.

英文名称 Rengas。

商品名或别名 红心漆，缅红漆，任嘎漆，小红木，尼泊尔紫檀。

科属名称 漆树科，胶漆树属。

树木性状及产地 落叶大乔木，树高达37m，胸径达1.2m。主产马来西亚、印度尼西亚、缅甸等国家。

珍贵等级 一类木材。

市场参考价格 8 000～9 500元/m³。

木文化 漆树类生材的材身或板面，通常有黑色或红色刺激性树液渗出，对皮肤有刺激性，易引起斑疹使皮肤感到痒痛不堪甚至溃烂。制材时特别是使用生材时应十分注意。胶漆树为加里曼丹岛最美丽的木材之一，也是冒充红木尤其冒充紫檀木的主要树种。

木材宏观特征 心边材区别明显，心材鲜红色至深褐色，边材浅粉色。生长轮明显。散孔材；管孔数少，略大，散布。轴向薄壁组织放大镜下明显，轮界状、带状及环管束状。木射线放大镜下可见。纹理交错，结构略粗至细。材身常渗出刺激性树液。

左
胶漆树
宏观横切面

右
胶漆树
实木

木材微观特征 单管孔，少数2～3个径列复管孔，散生。导管内含丰富侵填体。导管分子单穿孔，管间纹孔式互列。轴向薄壁组织丰富，环管束状、带状或轮界状，树胶常见。木纤维壁薄，具缘纹孔明显。木射线非叠生。单列射线高2～9细胞；多列射线宽2～3细胞，射线中间具正常的径向树脂道1～2个。射线组织同形单列或多列。

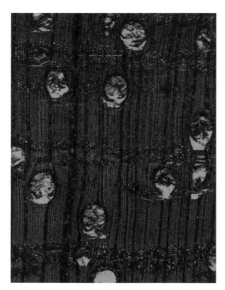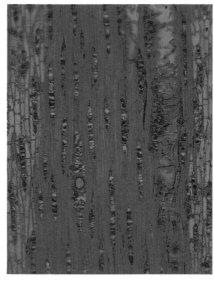

鉴别要点与相似树种

（1）鉴别要点：心边材区别明显，心材鲜红色至深褐色。散孔材；管孔数少，导管内含丰富侵填体。轴向薄壁组织放大镜下明显，轮界状、带状及环管束状。木射线非叠生；单列射线，高2～9细胞；多列射线中间具正常径向树脂道；射线组织同形单列或多列。

（2）相似树种：斯文漆 *Swintonia* spp.。

漆树科斯温漆属。别名：梅炮、茂木、西威特、翅果漆木。落叶乔木，树高达30m，胸径1.9m以上。主产缅甸、马来西亚等国家。

心边材区别明显，心材浅红褐色，边材灰粉红色。散孔材。导管分子单穿孔，管间纹孔式互列。轴向薄壁组织离管带状，宽2～5细胞，与木射线构成网状。分隔木纤维可见。木射线非叠生；单列射线多，高1～21细胞；多列射线宽2～3细胞，高4～28细胞；多列射线中间具正常径向树脂道1～2个。射线组织异形II、III型，少数异形Ⅰ型。射线细胞含树胶及菱形晶体。

胶漆树与斯文漆的区别如下。胶漆树心材鲜红色至深褐色；斯文漆心材浅红褐色。胶漆树导管内含丰富侵填体；斯文漆导管内含无侵填体。其余特征很相似，应注意仔细鉴别。

左
斯文漆
宏观横切面
中
斯文漆
微观横切面
右
斯文漆
微观弦切面

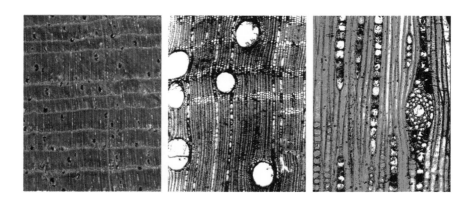

材性及用途 气干密度0.65～0.95g/cm³。强度中，硬度中，干缩小。加工容易，油漆或上蜡性能良好。宜用于制作椅类、床类、顶箱柜、沙发、餐桌、书桌等高级仿古典工艺家具及楼梯扶手、实木门、实木地板等。

2.71 黑木黄蕊 *Xanthostemon melanoxylon*

英文名称 Xanthostemon。

商品名或别名 所罗门黑檀，太平洋黑檀，亚历山大紫檀，女王紫檀，女王黑檀。

科属名称 桃金娘科，黄蕊属。

树木性状及产地 常绿乔木，树高达20m，胸径达60cm。主产所罗门群岛的舒瓦泽尔岛东南部和圣伊莎贝尔岛南部。

珍贵等级 一类木材。

市场参考价格 7 000～9 500元/m³。

木文化 在2010年上海举办的世界博览会上，太平洋联合馆的所罗门群岛馆曾展出了以黑木黄蕊雕刻而成的工艺品，系一整块木料上雕刻有石斑鱼、海龟、海豚、章鱼等动物形象，并彼此环绕交错及头尾相连，其细腻的手法体现了美拉尼西亚人传统的生活方式始终深受海洋文化之影响，被誉为所罗门精神。

木材宏观特征 心边材区别明显，心材紫黑色或巧克力色，具黑褐色条纹。散孔材；管孔略小至中，管孔内侵填体和黄白色沉积物丰富。轴向薄壁组织环管状。木材纹理交错，结构甚细。

木材微观特征 单管孔，稀2个短径列复管孔，导管内含硬化侵填体。导管分子单穿孔，管间纹孔式互列。轴向薄壁组织星散状。木射线非叠生；全单列射线，高4～12细胞；射线组织异形单列。射线细胞内含丰富树胶。

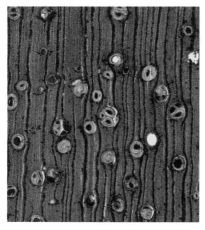

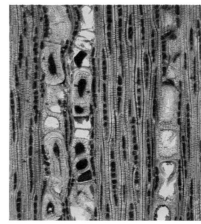

鉴别要点与相似树种

（1）鉴别要点：心边材区别明显，心材紫黑色或巧克力色，具黑褐色条纹。散孔材，管孔内侵填体和黄白色沉积物丰富。轴向薄壁组织星散状。木射线非叠生；全单列射线，射线组织异形单列。射线细胞内含丰富树胶。

（2）相似树种：铁心木 *Metrosideros petiolata* K. et V.。

桃金娘科铁心木属。常绿乔木，树高达30m，胸径达1.0m。主产印度尼西亚的西里伯斯岛及摩鹿加岛。

心边材区别明显，心材紫红或巧克力色。散孔材，管孔内侵填体和黄白色沉积物丰富。单管孔。导管分子单穿孔，管间纹孔式互列。轴向薄壁组织星散-聚合状。木射线非叠生；单列射线高4～12细胞；多列射线稀少，宽2细胞。连接射线可见。射线组织异形单列。射线细胞内含丰富树胶。

　　黑木黄蕊与铁心木的区别如下。黑木黄蕊心材紫黑色或巧克力色，具黑褐色条纹；铁心木心材紫红或巧克力色。黑木黄蕊导管内含硬化侵填体；铁心木导管内无硬化侵填体。黑木黄蕊木射线全为单列；铁心木木射线单列为主，稀二列射线。

左
铁心木
宏观横切面
中
铁心木
微观横切面
右
铁心木
微观弦切面

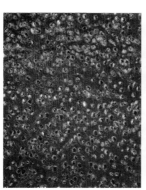  

　　材性及用途　气干密度0.98～1.28g/cm³。硬度大，强度高。宜用于重型结构、桥梁、木地板、枕木、造船等用途。

2.72　大美木豆 *Pericopsis elata* Van Meeuwen

　　英文名称　Afrormosia。

　　商品名或别名　柚木王，非洲柚木，黄檀木。

　　科属名称　蝶形花科，美木豆属。

　　树木性状及产地　大乔木，树高达45m，枝下高达30m，胸径达1.5m或以上，具板根。主产加纳、科特迪瓦、刚果（金）、尼日利亚、喀麦隆等非洲热带国家。

　　珍贵等级　CITES附录II监管物种；一类木材。

　　市场参考价格　6 500～8 000元/m³。

木文化　因为大美木豆的耐久性非常好，类似于缅甸柚木，常用制作码头桩木、实木地板。所以市场上俗称大美木豆为非洲柚木、柚木王。大美木豆被濒危野生动植物种国际贸易公约附录Ⅱ列为国际珍稀物种，故大美木豆的原木、锯割木和贴面板进出口均受限制。

木材宏观特征　心边材区别明显，心材黄褐色至深褐色，边材色浅。散孔材；管孔数少、略小。轴向薄壁组织丰富，聚翼状、翼状、环管状及轮界状。木材具光泽，纹理略斜至交错，结构甚细。

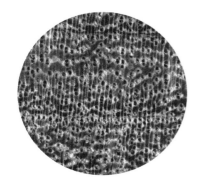

左
大美木豆
宏观横切面

右
大美木豆
实木

木材微观特征　单管孔及2～4个径列、斜列复管孔，导管内含树胶。导管分子单穿孔，管间纹孔式互列。轴向薄壁组织翼状、聚翼状、傍管带状，带宽2～3细胞。木射线叠生；单列射线少，多列射线宽2～4细胞，高多数10～15细胞。射线组织同形单列及多列，少数异形Ⅲ型。

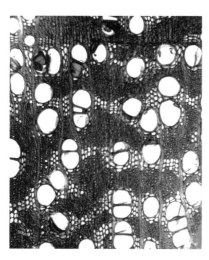
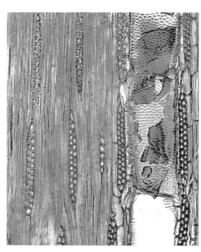

左
大美木豆
微观横切面

右
大美木豆
微观弦切面

濒危与珍贵
木材鉴别

（1）鉴别要点：心边材区别明显，心材黄褐色至深褐色。散孔材；管孔数少、略小。轴向薄壁组织翼状、聚翼状、傍管带状。木射线叠生；单列射线少，多列射线宽2～4细胞，高多数10～15细胞。射线组织同形单列及多列，少数异形Ⅲ型。

（2）相似树种：葱叶状铁木豆 *Swartzia fistuloides* Harms。

蝶形花科铁木豆属。别名：红檀、大红檀。大乔木，树高达27m，胸径达80cm。主产于科特迪瓦、加蓬、刚果等热带非洲国家。

心边材区别明显，心材红褐色至紫红褐色，常具黑褐色条纹；边材浅红白色至浅褐色。散孔材，管孔略小，管孔内含白色沉积物。轴向薄壁组织傍管带状及环管状。单管孔，少数2～3个径列复管孔。导管分子单穿孔，管间纹孔式互列。木纤维、轴向薄壁组织、木射线均叠生。单列射线少，多列射线宽2细胞，高5～10细胞。射线组织同形单列及多列。

大美木豆与葱叶状铁木豆的区别如下。大美木豆心材黄褐色至深褐色；葱叶状铁木豆心材红褐色至紫红褐色。大美木豆轴向薄壁组织翼状、聚翼状、傍管带状；葱叶状铁木豆轴向薄壁组织傍管带状及环管状。其余特征十分相似，需注意仔细鉴别。

左
葱叶状铁木豆
宏观横切面

中
葱叶状铁木豆
微观横切面

右
葱叶状铁木豆
微观弦切面

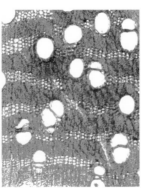

材性及用途　气干密度0.57～0.69g/cm³。硬度中，强度中。宜用于作高级家具、高级装饰、实木地板、细木工、造船、码头桩木等用途。

2.73　多穗阔变豆 *Platymiscium parviflorum*

英文名称　Macacauba Trebol。

商品名或别名　南美酸枝，南美白酸枝。

科属名称　蝶形花科，阔变豆属。

树木性状及产地　落叶大乔木，树高达30m，胸径达40cm。分布于巴西、苏里南等南美洲热带国家。

珍贵等级　CITES附录II监管物种；一类木材。

市场参考价格　5 000～6 500元/m³。

木文化　多穗阔变豆在巴西属于珍贵木材。因心材具有黑色或红紫色条纹，木射线列数、细胞形状酷似酸枝木，所以市场上将其称为南美白酸枝、南美酸枝。然而，管孔排列及轴向薄壁组织类型则完全不是酸枝木的特征。

木材宏观特征　心边材区别明显，心材红色或红褐色，有黑色或红紫色条纹。散孔材；管孔略细至中，肉眼下可见。轴向薄壁组织翼状、聚翼状以及轮界状。木射线放大镜下可见。纹理交错，结构中。

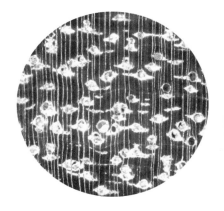

左
多穗阔变豆
宏观横切面

右
多穗阔变豆
实木

木材微观特征　单管孔，少数2～4个径列复管孔。导管内具树胶。导管分子单穿孔，管间纹孔式互列。轴向薄壁组织翼状、聚翼状及轮界状。轴向薄壁组织、木纤维、木射线均叠生。单列射线为主，稀对列或2列，高5～10细胞。射线组织同形单列。

濒危与珍贵
木材鉴别

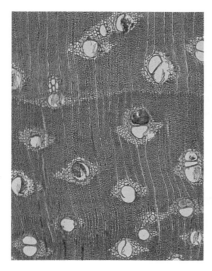
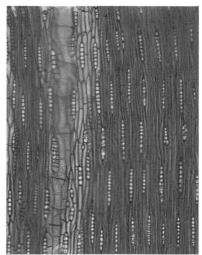

鉴别要点与相似树种

（1）鉴别要点：心边材区别明显，心材红色或红褐色，有黑色或红紫色条纹。散孔材；管孔略细至中。轴向薄壁组织翼状、聚翼状以及轮界状。木射线叠生；单列射线为主，多列射线宽2～3个细胞，高5～10细胞。射线组织同形单列及多列。

（2）相似树种：香二翅豆 *Dipteryx odorata* Willd.。

蝶形花科二翅豆属。别名：黄檀、龙凤檀。乔木，高20～36m，胸径50～80cm。主产圭亚那、委内瑞拉、哥伦比亚和巴西等热带南美洲国家。

心边材区别明显，心材浅红褐色。散孔材，单管孔及2～3个径列复管孔。导管分子单穿孔，管间纹孔式互列。轴向薄壁组织翼状、聚翼状及轮界状。导管分子、木纤维、轴向薄壁组织、木射线均叠生。单列射线少，多列射线宽2～3细胞，高8～12细胞。射线组织同形单列或多列。

多穗阔变豆与香二翅豆的区别如下。多穗阔变豆心材红色或红褐色，有黑色或红紫色条纹；香二翅豆心材浅红褐色。多穗阔变豆单列射线为主，稀对列或2列；香二翅豆单列射线少，多列射线宽2～3细胞。其余特征十分相似，需注意仔细鉴别。

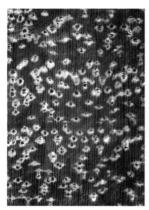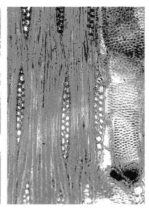

材性及用途　气干密度0.8～0.83g/cm³。硬度、强度高。耐腐性强，能抗白蚁和海生钻木动物危害。宜用于制作重型建筑、实木地板、运动器材、高档家具、钓鱼竿等。

2.74　马达加斯加铁木豆 *Swartzia madagascariensis* Desv.

英文名称　Kasanda。

商品名或别名　红铁木豆，红檀，小叶红檀。

科属名称　蝶形花科，铁木豆属。

树木性状及产地　乔木，树高达13m，胸径达40cm。主产马达加斯加、津巴布韦、莫桑比克等非洲热带国家。

珍贵等级　一类木材。

市场参考价格　7 000～9 000元/m³。

木文化　马达加斯加铁木豆心材深红褐色至紫红褐色，具深浅相间条纹；轴向薄壁组织呈傍管带状；木射线整齐叠生，材表波痕明显。这些特征与红酸枝木很接近，所以常常有人以此冒充红酸枝木。此外，还有人以此冒充紫檀木，俗称"科檀"。

木材宏观特征　心边材区别明显，心材红褐色，常具深色同心圆状条纹；边材浅黄色，具不规则黑条纹。散孔材，管孔略小、略少。轴向薄壁组织细弦线状、环管状及轮界状。波痕明显。木材纹理交错，结构细而匀。

木材微观特征 单管孔，少数2～3个径列复管孔。导管分子单穿孔，管间纹孔式互列。轴向薄壁组织傍管带状，带宽2～4细胞。木射线叠生；单列射线少，多列射线宽2～4细胞，高10～25细胞。射线组织同形单列及多列。

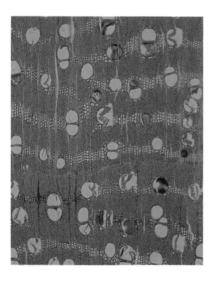
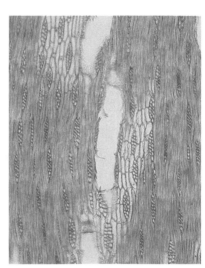

鉴别要点与相似树种

（1）鉴别要点：心边材区别明显，心材红褐色，常具深浅相间条纹。散孔材，管孔略小、略少。轴向薄壁组织傍管带状，带宽2～4细胞。木射线叠生；单列射线少，多列射线宽2～4细胞，高10～25细胞。射线组织同形单列及多列。

（2）相似树种：平萼铁木豆 *Swartzia leiocalycina* Benth.。

蝶形花科铁木豆属。别名：南美黑酸枝、南美酸枝、黑铁木豆。大乔木，树高达30m，胸径50cm。主产圭亚那、苏里南、巴西等南美洲热带国家。

心边材区别明显，心材深红褐色至紫红褐色，具深橄榄色或紫褐色条纹。散孔材，管孔很小。管孔具侵填体或沉积物。导管分子单穿孔，管间纹孔式互列。轴向薄壁组织多为傍管带状、翼状、聚翼状。木射线叠生。单列射线少，多列射线宽2～3细胞，高10～21细胞。射线组织同形或异形Ⅲ型。

马达加斯加铁木豆与平萼铁木豆的区别如下。马达加斯加铁木豆心材红褐色，常具深浅相间条纹；平萼铁木豆心材深红褐色至紫红褐色，具深橄榄色或紫褐色条纹。马达加斯加铁木豆轴向薄壁组织傍管带状，带宽2～4细胞；平萼铁木豆轴向薄壁组织多为傍管带状、翼状、聚翼状。其余特征两者很接近，需注意仔细鉴别。

 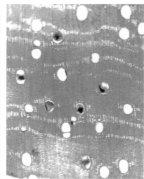 

左
平萼铁木豆
宏观横切面

中
平萼铁木豆
微观横切面

右
平萼铁木豆
微观弦切面

材性及用途　气干密度1.02～1.06g/cm³。硬度、强度高。心材很耐腐。由于铁木豆的材色、结构、花纹、重量均与红酸枝近似，所以，完全可以作为红木的代用品。适于制作椅类、床类、顶箱柜、沙发、餐桌、书桌等高级仿古典工艺家具及楼梯扶手、实木地板等。

2.75　光亮杂色豆 *Baphia nitida* Lodd.

英文名称　African Sandalwood。

濒危与珍贵
木材鉴别

商品名或别名 科檀，氼木，霸木，非洲小叶紫檀。

科属名称 蝶形花科，杂色豆属。

树木性状及产地 常绿乔木，树高达20m，胸径达50cm。主产利比里亚、尼日利亚等非洲热带国家。

珍贵等级 一类木材。

市场参考价格 6 000～8 000元/m³。

木文化 光亮杂色豆因富含紫檀素（Pterocarpin），在历史上作为红色染料而闻名，17世纪开始被大量运到欧洲作为重要的印染工业染料；由于其印染羊毛效果卓越，18世纪开始作为染料被贩卖至美洲，用于西方印染工业。这一贸易过程随着现代印染工业技术淘汰古典印染材料而消失。此外，该树种还作为尼日利亚的传统民族植物药物，其水溶剂、酒溶剂、用叶根茎制作的膏剂被用于治疗皮肤病、肠胃病、性病以及消炎、止血等。

木材宏观特征 心边材区别明显，心材红褐色，常具深色条纹；边材黄白色。生长轮明显。散孔材；管孔略小、略少。轴向薄壁组织傍管带状。木射线放大镜下明显。木材无特殊气味，纹理交错，结构细。木材弦切板面小鸡翅纹明显。

左
光亮杂色豆
宏观横切面

右
光亮杂色豆
实木

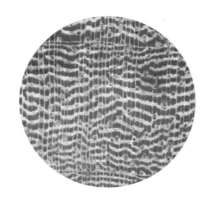

木材微观特征 单管孔及2～4个短径列复管孔。导管分子单穿孔，管间纹孔式互列。轴向薄壁组织带状，宽2～5细胞。木纤维、导管、轴向薄壁组织叠生。木射线非叠生（高射线），或局部叠生（矮射线）。单列射线少，高4～9细胞；多列射线宽2～3细胞，高8～24细胞。射线组织同形单列及多列。

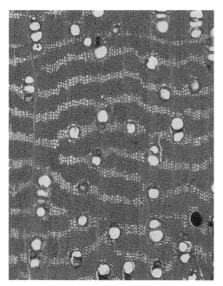
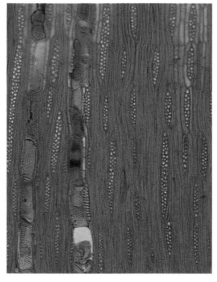

鉴别要点与相似树种

（1）鉴别要点：心边材区别明显，心材红褐色，常具深色条纹。散孔材；管孔略小、略少。轴向薄壁组织傍管带状。木射线非叠生（高射线），或局部叠生（矮射线）。单列射线少，多列射线宽2～3细胞。射线组织同形单列及多列。木材弦切板面小鸡翅纹明显。

（2）相似树种：葱叶状铁木豆 *Swartzia fistuloides* Harms。

蝶形花科铁木豆属。别名：红檀、大红檀。大乔木，树高达27m，胸径达80cm。主产科特迪瓦、加蓬、刚果等非洲热带国家。

心边材区别明显，心材红褐色至紫红褐色，常具黑褐色条纹；边材浅红白色至浅褐色。散孔材，管孔略小，管孔内含白色沉积物。轴向薄壁组织傍管带状及环管状。单管孔，少数2～3个径列复管孔。导管分子单穿孔，管间纹孔式互列。木纤维、轴向薄壁组织、木射线均叠生。单列射线少，多列射线宽2细胞，高5～10细胞。射线组织同形单列及多列。

光亮杂色豆与葱叶状铁木豆的区别如下。光亮杂色豆木射线非叠生（高射线），或局部叠生（矮射线）；葱叶状铁木豆木射线均叠生。其余特征十分相似，需注意仔细鉴别。

濒危与珍贵
木材鉴别

左
葱叶状铁木豆
宏观横切面

中
葱叶状铁木豆
微观横切面

右
葱叶状铁木豆
微观弦切面

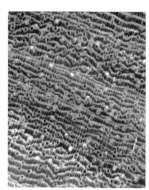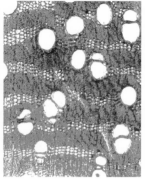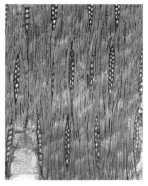

材性及用途　气干密度1.00～1.26g/cm³，入水即沉。纹理略斜、结构细密。车旋、雕刻容易，油漆性能佳。宜用于制作宝座、架子床、官帽椅、顶箱柜、沙发、餐桌、书桌、博古架等高级古典工艺家具及笔筒、书画筒、手镯等高级工艺品。

2.76　小叶红豆 *Ormosia microphylla* Merr.

英文名称　Small-leaf Ormosia。

商品名或别名　红心红豆，黄姜丝，紫檀，红豆紫檀。

科属名称　蝶形花科，红豆属。

树木性状及产地　常绿乔木，高达20m，胸径达80cm。主产广西、广东、福建、湖南、贵州等省区。

珍贵等级　国家一级重点保护野生植物；一类木材。

市场参考价格　7 500～9 000元/m³。

木文化　小叶红豆的心材新伐为鲜红或橘红，久则变为深红色或紫黑色，故广西北部群众称之为"紫檀"。其木材做成木家具深受广大消费者的喜爱，可以与紫檀木家具相媲美。做成佛珠、手链等手工艺品，民间有传长期佩戴能驱瘟辟邪、祛除风寒、消灾祈福；尤其随着佩戴时日的增加及佩戴者自身特性的不同，其木质将呈现多变的色彩，或迷人瑰丽的深红色，或古朴神秘的黑褐色，是非常值得珍藏的工艺品。

木材宏观特征　心边材区别明显，心材鲜红色或红褐色，久则转深红色或紫黑色；边材浅黄褐色。生长轮略明显。散孔材；管孔数少，略大，肉眼下可见；管孔内含丰富树胶。轴向薄壁组织翼状、聚翼状及傍管带状。木材纹理直，结构细。

左
小叶红豆
宏观横切面

右
小叶红豆
实木

木材微观特征 单管孔及2～3个径列复管孔。导管分子单穿孔，管间纹孔式互列。导管分子、轴向薄壁组织及木射线均叠生。轴向薄壁组织翼状、聚翼状、傍管带状，带宽2～4细胞。单列射线较少；多列射线宽2～3细胞，高8～15细胞。同一射线内偶2次多列部分。射线组织同形单列及多列，稀异形Ⅲ型。

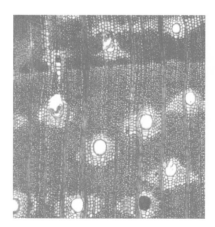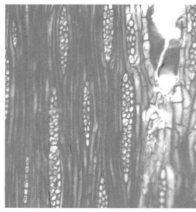

左
小叶红豆
微观横切面

右
小叶红豆
微观弦切面

鉴别要点与相似树种

（1）鉴别要点：心边材区别明显，心材鲜红色或红褐色，久则转深红色或紫黑色。散孔材；管孔数少，略大，肉眼下可见。轴向薄壁组织翼状、聚翼状及傍管带状。木射线叠生，单列射线较少，多列射线宽2～3细

濒危与珍贵
木材鉴别

胞；射线组织同形单列及多列，稀异形III型。

（2）相似树种：木荚红豆*Ormosia xylocarpa* Chun ex Chen。

蝶形花科红豆属。国家二级重点保护野生植物。别名：姜黄林、山鸭公、万年青。半常绿乔木，树高达20m，胸径达80cm。主产广东、广西、海南、湖南、湖北、福建等省区。

心边材区别明显，心材紫红色或红褐色，边材浅黄褐色。生长轮略明显。散孔材。轴向薄壁组织翼状、聚翼状。单管孔及2～3个径列复管孔。导管分子、轴向薄壁组织及木射线均局部叠生。导管分子单穿孔，管间纹孔式互列。单列射线或单列对列略多，高5～10细胞；多列射线宽多为2细胞，高8～15细胞。射线组织同形单列及多列。

小叶红豆与木荚红豆构造特征十分相似，需注意仔细鉴别。

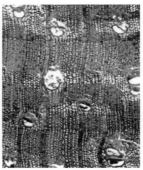

材性及用途　气干密度0.83～0.86 g/cm³。强度高，硬度大。耐腐性、抗虫性强。切削容易，切面光滑。油漆后光亮性好；胶黏容易。宜作为高档家具、木地板、装饰品及琴弓等用材。

2.77　格木 *Erythrophloeum fordii* Oliv.

英文名称　Ford Erythrophleum。

商品名或别名　赤叶木，斗登凤，铁木，乌鸡骨，铁力格。

科属名称　苏木科，格木属。

树木性状及产地　常绿大乔木，树高达30m，胸径达80cm。主产广东、广西、浙江、福建、台湾等省区。

珍贵等级　国家二级重点保护野生植物；特类木材。

市场参考价格　1.5万～1.8万元/m³。

木文化　格木心材较大，材色深红褐至黑褐色，木质坚硬如铁；据说用格木做的菜板，常常会使刀口卷曲，故有"铁木"之称。全国著名的广西容县真武阁所用的木料全是广西产的格木。

木材宏观特征　心边材区别明显，心材红褐或深褐色微黄，边材黄褐色。生长轮不明显。散孔材。轴向薄壁组织翼状及聚翼状。木材纹理交错，结构细。

左
格木
宏观横切面

右
格木
实木

木材微观特征　单管孔及2～3个径列复管孔。导管分子单穿孔，管间纹孔式互列。轴向薄壁组织翼状、聚翼状及轮界状。木射线非叠生或局部整齐斜列；单列射线较多，高2～10细胞；多列射线宽多为2细胞，高5～10细胞。射线组织同形单列及多列。射线细胞内含丰富树胶。

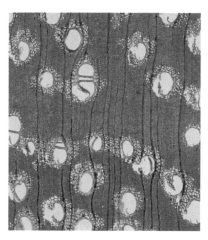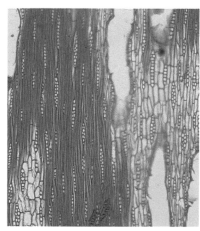

左
格木
微观横切面

右
格木
微观弦切面

濒危与珍贵
木材鉴别

（1）鉴别要点：心边材区别明显，心材红褐或深褐色微黄。轴向薄壁组织翼状、聚翼状及轮界状。木射线非叠生或局部整齐斜列；单列射线较多，多列射线宽多为2细胞，射线组织同形单列及多列。

（2）相似树种：几内亚格木 *Erythrophloeum guineense* G. Don。

苏木科格木属。别名：塔里、铁木、阿卢、米三达、萨斯木。大乔木，树高达30m，胸径达1.5m。主产几内亚、加纳、利比里亚、乌干达、刚果等西非热带国家。

心边材区别明显，心材栗红褐色，边材奶油黄色。散孔材，部分管孔内含树胶及黄色沉积物。单管孔，少数2～3个径列复管孔。导管分子单穿孔，管间纹孔式互列。轴向薄壁组织翼状及聚翼状，具分室含晶细胞。木射线非叠生；单列射线及对列射线多，多列射线宽2细胞，高均8～12细胞。射线组织同形单列及多列。射线细胞内含树胶。木材纹理直，结构粗。

格木与几内亚格木的区别如下。格木心材红褐或深褐色微黄；几内亚格木心材栗红褐色。格木木射线非叠生或局部整齐斜列；几内亚格木木射线非叠生。格木为中国产木材；几内亚格木为非洲产木材。其余特征十分相似，需注意仔细鉴别。

左
几内亚格木
宏观横切面

中
几内亚格木
微观横切面

右
几内亚格木
微观弦切面

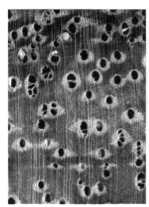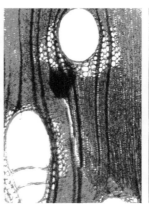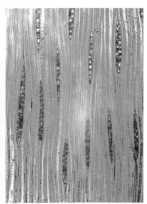

材性及用途 气干密度0.85～0.89 g/cm³。木材强度高，硬度甚大。耐腐性，抗蚁性均很强。切削较难，切面不易刨光；油漆后光亮性好，胶黏性亦好。宜用于制作椅类、床类、沙发、餐桌、书桌等高级仿古典工艺家具及楼梯扶手、实木地板等。

2.78　苏木 *Caesalpinia sappan* L.

英文名称　Caesalpinia。

商品名或别名　粽木，苏枋，苏方木。

科属名称　苏木科，苏木属。

树木性状及产地　常绿乔木，树高可达20m，胸径达50cm。主产长江以南各省区及台湾地区。越南、印度、缅甸也有分布。

珍贵等级　一类木材。

市场参考价格　4 500～5 500元/m³。

木文化　苏木的心材是传统的中药材，具有行血祛瘀、消肿止痛之功效。苏木又是我国古代著名的红色系天然染料，称为"苏枋色"，可以将天然的毛、麻、丝、棉等染成鲜艳的大红色。过去民间五月五包米粽时，在米粽中放进一小段苏木心材，不仅使米粽中心呈黄红色，而且有活血行气、调经止痛之效。故此，苏木也称被为"粽木"。

木材宏观特征　心边材区别明显，心材黄褐色至红褐色。生长轮略明显。散孔材；管孔略小，略密。轴向薄壁组织环管状、翼状及轮界状。木射线肉眼下可见。

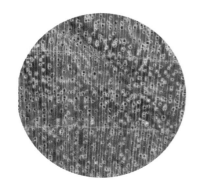 

左
苏木
宏观横切面

右
苏木
实木

木材微观特征　单管孔及短径列复管孔，管孔内含丰富树胶。导管分子单穿孔，管间纹孔式互列。轴向薄壁组织环管状、翼状及轮界状。木射线非叠生，单列射线少，多列射线宽多2~3细胞，高多10~20细胞；射线组织同形单列及多列。

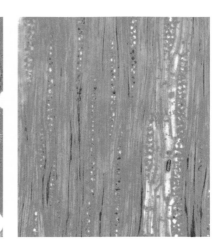

左
苏木
微观横切面

右
苏木
微观弦切面

鉴别要点与相似树种

（1）鉴别要点：心边材区别明显，心材黄褐色至红褐色。散孔材；管孔略小，略密。轴向薄壁组织环管状、翼状及轮界状。木射线非叠生，单列射线少，多列射线宽多2~3细胞，高多10~20细胞；射线组织同形单列及多列。

（2）相似树种：香脂苏木 *Gossweilerodendron balsamiferum* Harms。

苏木科香脂苏木属。大乔木，树高达60m，枝下高达30m，胸径达2m。主产尼日利亚、加蓬、喀麦隆、刚果（布）、安哥拉、南非等非洲热带国家。

心边材区别不明显，木材浅黄棕色至浅红棕色，久置变暗。散孔材，部分管孔内含树胶。单管孔及2~3个径列复管孔。导管分子单穿孔，管间纹孔式互列。轴向薄壁组织翼状、聚翼状及轮界状。木射线非叠生；单列射线少，多列射线宽多2~3细胞，高7~45细胞。射线组织同形单列及同形多列。

苏木与香脂苏木的区别如下。苏木心边材区别明显，心材黄褐色至红褐色；香脂苏心边材区别不明显，木材浅黄棕色至浅红棕色，久置变暗。苏木产自中国；香脂苏木产自非洲。其余特征十分相似，需注意仔细鉴别。

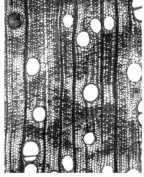

左
香脂苏木
宏观横切面

中
香脂苏木
微观横切面

右
香脂苏木
微观弦切面

材性及用途 气干密度0.81～0.86 g/cm³。强度及硬度中等。加工容易，油漆或上蜡性能良好。宜用于制作椅类、沙发、餐桌、书柜等高级仿古典工艺家具。

2.79 帕利印茄 *Intsia palembanica* Miq.

英文名称 Merbau。

商品名或别名 菠萝格，南洋红宝，铁梨木，南洋木宝。

科属名称 苏木科，印茄属。

树木性状及产地 大乔木，树高达50m，胸径达1.5m。主产菲律宾、泰国、缅甸、马来西亚、印度尼西亚、巴布亚新几内亚、澳大利亚、斐济等国家。

珍贵等级 一类木材。

市场参考价格 6 000～7 500元/m³。

木文化 在印度尼西亚的神话故事中，印茄被赋予了神秘高贵的色彩，被视为神明的代表。阿斯马特人认为每棵印茄木都伴有来自神明的灵性，神灵能够从树中显现。他们用印茄木来雕刻神明的形象，习惯利用印茄木雕刻的独木舟沿着河道在雨林中穿梭。在很多热带雨林国家，重要的文化活动都要用到印茄木制造的传统乐器木鼓。

木材宏观特征 心边材区别明显，心材暗红褐色，略具深色条纹；边材浅黄白色。散孔材，管孔中至略大，内含黄色粉状物和树胶。轴向薄

濒危与珍贵
木材鉴别

壁组织短翼状、聚翼状及轮界状。木材纹理交错，结构粗。

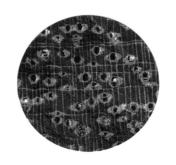

木材微观特征　单管孔，少数2～3个径列复管孔。导管分子单穿孔，管间纹孔式互列。轴向薄壁组织短翼状，少数聚翼状、轮界状，宽1～3细胞。轴向薄壁组织含分室晶体，内含菱形晶体18个以上。木射线非叠生；单列射线，高5～7细胞；多列射线宽2细胞，高6～22细胞。射线组织同形单列及多列。

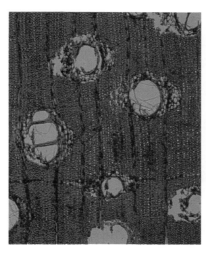
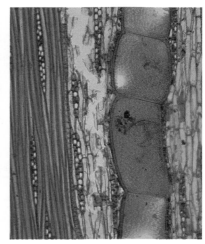

鉴别要点与相似树种

（1）鉴别要点：心边材区别明显，心材暗红褐色，略具深色条纹。散孔材，管孔中至略大，内含黄色粉状物和树胶。轴向薄壁组织短翼状、聚翼状及轮界状。木射线非叠生；单列射线，多列射线宽2细胞，高6～22细胞。射线组织同形单列及多列。

（2）相似树种：木果缅茄 *Afzelia xylocarpa* (Kurz)Craib。

苏木科缅茄属。大乔木，树高达40m，胸径达1.2m。主产缅甸、泰国等东南亚热带国家。

心边材区别明显，心材褐色至暗红褐色，通常具深浅相间条纹。散孔材，管孔中至略大，内含硫黄色沉积物。单管孔，少数2～3个径列复管孔。导管具沉积物。导管分子单穿孔，管间纹孔式互列。轴向薄壁组织翼状、聚翼状及轮界状。木射线局部叠生。单列射线少，多列射线宽2～3细胞，高5～17细胞。射线组织同形单列及多列。

印茄与缅茄的区别是：翼状、聚翼状薄壁组织的翼尖，缅茄较长而印茄较短。其余特征均很相似，需注意仔细鉴别。

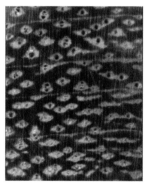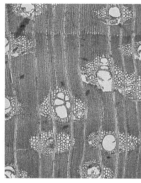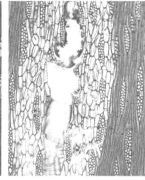

左
木果缅茄
宏观横切面

中
木果缅茄
微观横切面

右
木果缅茄
微观弦切面

材性及用途 气干密度0.79～0.81g/cm³。强度高，硬度中，干缩小。加工容易，油漆或上蜡性能良好。宜用于制作椅类、床类、顶箱柜、沙发、餐桌、书桌等高级仿古典工艺家具及楼梯扶手、实木地板等。

2.80 木果缅茄 *Afzelia xylocarpa*(Kurz)Craib

英文名称 Papao Kpalaga。

商品名或别名 缅茄木，菠萝格。

科属名称 苏木科，缅茄属。

树木性状及产地 大乔木，树高达40m，胸径达1.2m。主产缅甸、泰国等东南亚热带国家。

濒危与珍贵
木材鉴别

珍贵等级　二类木材。

市场参考价格　4 000～5 000元/m³。

木文化　缅茄的原产地在缅甸、泰国。300多年前，广东高州西岸观山山麓西岸村池塘旁，引种了一棵缅茄树。后来，高州人利用缅茄种子独特的蜡蒂雕刻成艺术品，深爱民间喜爱，并一时间声名鹊起。当地男婚女嫁，多有用缅茄蜡蒂雕刻工艺品作赠礼。高州竹枝词曾写道："奴生西岸近莲塘，嫁与南桥何姓郎，愧我压妆无别物，缅茄蒂雕就鸳鸯。"

木材宏观特征　心边材区别明显，心材褐色至暗红褐色，通常具深浅相间条纹。散孔材，管孔肉眼下可见，放大镜下明显；管孔内含硫黄色沉积物。轴向薄壁组织翼状、聚翼状及轮界状。翼状薄壁组织的翼尖，缅茄较长而印茄较短，这是鉴别缅茄与印茄的重要特征。木射线放大镜下可见。纹理交错，结构中。

左
木果缅茄
宏观横切面

右
木果缅茄
实木

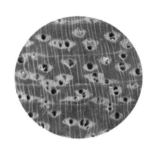

木材微观特征　单管孔，少数2～3个径列复管孔。导管具沉积物。导管分子单穿孔，管间纹孔式互列。轴向薄壁组织翼状、聚翼状及轮界状。木射线局部叠生。单列射线少，多列射线宽2～3细胞，高5～17细胞。射线组织同形单列及多列。

左
木果缅茄
微观横切面

右
木果缅茄
微观弦切面

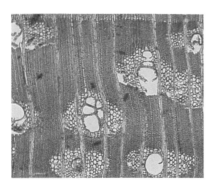
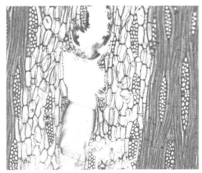

（1）鉴别要点：心边材区别明显，心材褐色至暗红褐色，通常具深浅相间条纹。散孔材，管孔肉眼下可见，放大镜下明显；管孔内含硫黄色沉积物。轴向薄壁组织翼状、聚翼状及轮界状。木射线局部叠生。单列射线少，多列射线宽2～3细胞，高5～17细胞。射线组织同形单列及多列。

（2）相似树种：非洲缅茄 *Afzelia africana* Smith。

苏木科缅茄属。别名：非洲菠萝格、非洲花梨。

心边材区别明显，心材褐色至暗红褐色，通常具深浅相间条纹。散孔材，管孔中至略大，内含硫黄色沉积物。单管孔，少数2～3个径列复管孔。导管具沉积物。导管分子单穿孔，管间纹孔式互列。轴向薄壁组织翼状、聚翼状及轮界状。木射线局部叠生。单列射线少，多列射线宽2～3细胞，高5～17细胞。射线组织同形单列及多列。

木果缅茄与非洲缅茄的区别是：木果缅茄产自东南亚热带国家；非洲缅茄产自非洲热带国家。其余特征十分相似，需注意仔细鉴别。

 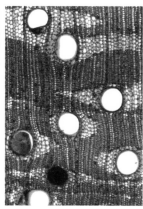 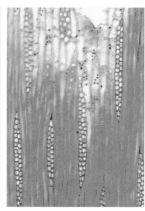

左
非洲缅茄
宏观横切面

中
非洲缅茄
微观横切面

右
非洲缅茄
微观弦切面

材性及用途　气干密度0.80～0.83g/cm³。强度及硬度中等。加工容易，油漆或上蜡性能良好。宜用于制作椅类、床类、顶箱柜、沙发、餐桌、书桌等高级仿古典工艺家具及楼梯扶手、实木地板等。

2.81　阔萼摘亚木 *Dialium platysepalum* Baker

英文名称　Keranji。

商品名或别名　柚木王，57号木，南洋红檀，非洲花梨。

科属名称　苏木科，摘亚木属。

树木性状及产地　大乔木，树高达25m，胸径达60cm。主产印度尼西亚、马来西亚等东南亚国家。

珍贵等级　二类木材。

市场参考价格　3 500～4 500元/m³。

木文化　在国内木材市场上摘亚木的原名为"达里豆"，源于属名 *Dialium* 中"Diali"的音译加"豆"字。摘亚木因其纹理、颜色和柚木接近，故市场上俗称"柚木王"。目前木地板市场中的"克然吉"（Keranji）是指产于东南亚的越南摘亚木和阔萼摘亚木。

木材宏观特征　心边材区别明显，心材深红褐色至暗褐色；边材灰褐色，微带粉红。生长轮不明显。散孔材；管孔略细至中等大小。轴向薄壁组织离管带状，与木射线构成网状。木材纹理交错，结构略细。

左
阔萼摘亚木
宏观横切面

右
阔萼摘亚木
实木

木材微观特征　单管孔及2～3个径列复管孔。导管分子单穿孔，管间纹孔互列，系附物纹孔。轴向薄壁组织离管带状，带宽2～4细胞。木射线叠生；单列射线少，多列射线宽2～3细胞，高多为15～22细胞。射线组织同形单列及多列。射线细胞富含树胶。

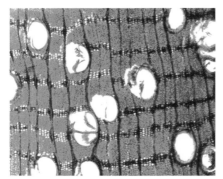
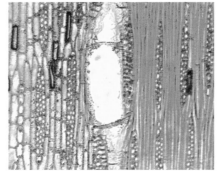

鉴别要点与相似树种

（1）鉴别要点：心边材区别明显，心材深红褐色至暗褐色。散孔材；管孔略细至中等大小。轴向薄壁组织离管带状，与木射线构成网状。木射线叠生；单列射线少，多列射线宽2～3细胞，高多为15～22细胞。射线组织同形单列及多列。

（2）相似树种：越南摘亚木 *Dialium cochinchinensis* Pierre。

苏木科摘亚木属。别名：柚木王、克棱、克然吉、克拉兰。大乔木，树高达25m，胸径达60cm。主产泰国、越南、柬埔寨等东南亚国家。

心边材区别明显，心材浅红褐色至紫红褐色；边材浅黄色。生长轮不明显。散孔材；管孔略细至中等大小。轴向薄壁组织离管带状，带宽1～2细胞，与木射线构成网状。木材纹理交错，结构略细。单管孔及2～3个径列复管孔。导管分子单穿孔，管间纹孔互列。木射线叠生；单列射线少，多列射线宽2～3细胞，高多为15～20细胞。射线组织同形单列及多列。阔萼摘亚木与越南摘亚木构造特征十分相似，需注意仔细鉴别。

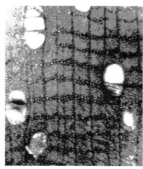
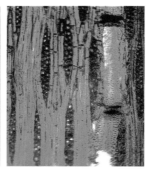

左
越南摘亚木
宏观横切面

中
越南摘亚木
微观横切面

右
越南摘亚木
微观弦切面

　气干密度0.88～1.05g/cm³。硬度很大，强度高至甚高。由于木材重硬，具悦目的颜色花纹，故宜用于作重型结构、体育器材、室内装修、拼花地板、高级家具等。

2.82　特氏古夷苏木 *Guibourtia tessmannii* J. Leonard.

英文名称　Bubinga。

商品名或别名　大巴花，巴西花梨，巴花，非洲花梨木，红贵宝。

科属名称　苏木科，古夷苏木属。

树木性状及产地　大乔木，树高达46m，胸径达1.8m。主产喀麦隆、赤道几内亚、加蓬、刚果（布）、刚果（金）等非洲热带国家。

珍贵等级　CITES附录II监管物种（特氏古夷苏木G. *tessmannii*，德米古夷苏木 *G. demeusei*，佩莱古夷苏木*G. pellegriniana*）；特类木材。

市场参考价格　1.8万～2.5万元/m³。

木文化　古夷苏木心材材色呈红棕色至巧克力色，常带有黑色条纹，板面酷似花梨木的花纹，深色条纹通常比紫檀属木材还要清楚，所以市场上通常将其误称为"巴西花梨""非洲花梨"。是一种名贵硬木，可与缅甸花梨木相媲美。

木材宏观特征　心边材区别明显，心材黄色或棕色；边材白色。散孔材；管孔略大、略少。轴向薄壁组织环管束状、翼状、聚翼状及轮界状。木材纹理直或交错，结构细而均匀。

左
特氏古夷苏木
宏观横切面

右
特氏古夷苏木
实木

木材微观特征　单管孔为主，内含树胶。导管分子单穿孔，管间纹孔式互列。轴向薄壁组织环管束状、翼状、聚翼状及轮界状，宽2～4细胞。木射线非叠生；单列射线少；多列射线宽2～4细胞，高10～24细胞。射线组织同形单列及多列。射线细胞多含树胶。

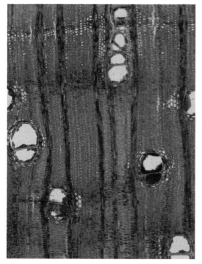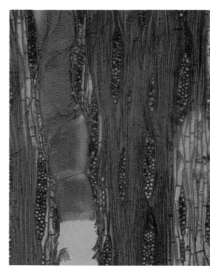

左
特氏古夷苏木
微观横切面

右
特氏古夷苏木
微观弦切面

鉴别要点与相似树种

（1）鉴别要点：心边材区别明显，心材黄色或棕色。散孔材；管孔略大、略少。轴向薄壁组织环管束状、翼状、聚翼状及轮界状。木射线非叠生；单列射线少；多列射线宽2～4细胞，高10～24细胞。射线组织同形单列及多列。

（2）相似树种：阿诺古夷苏木*G. arnoldiana* J. Leonard.。

苏木科古夷苏木属。别名：巴花、非洲花梨木、红贵宝。

心边材区别明显，心材黄褐色至巧克力色，常带有黑色条纹。生长轮略明显。散孔材；管孔略小、略密。管孔放大镜下明显。轴向薄壁组织翼状及轮界状。单管孔，少数2～4个径列复管孔。导管具树胶。导管分子单穿孔，管间纹孔式互列，系附物纹孔。木射线非叠生。单列射线少，多列射线宽2～5个细胞，高15～28细胞。射线组织同形单列或多列。

濒危与珍贵
木材鉴别

特氏古夷苏木与阿诺古夷苏木的区别是：特氏古夷苏木管孔略大、略少；阿诺古夷苏木管孔略小、略密。其余特征十分相似，需注意仔细鉴别。

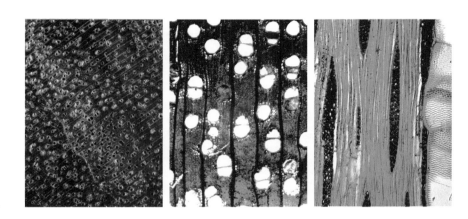

材性及用途　气干密度0.83～0.95g/cm³。强度中，硬度中，干缩大。加工容易，油漆或上蜡性能良好。宜用于制作椅类、床类、顶箱柜、沙发、办公桌等高级仿古典工艺家具及楼梯扶手、实木门、实木地板等。

2.83　成对古夷苏木 *Guibourtia conjugate* (Bolle) Milne-Redh.

英文名称　Small False Mopane。

商品名或别名　沉贵宝，东非酸枝，二级黑檀，成对古夷布提。

科属名称　苏木科，古夷苏木属。

树木性状及产地　落叶乔木，树高达20m，胸径达75cm。主产赞比亚、津巴布韦、莫桑比克、南非等非洲国家。

珍贵等级　二类木材。

市场参考价格　3 500～4 500元/m³。

木文化　成对古夷苏木市场上又称东非酸枝、沉贵宝、二级黑檀，其木材做成的家具成品在纹理、色泽、密度方面与阔叶黄檀相似。其树木可生产出半化石态的树脂，被称为"伊尼扬巴内柯巴"（Inhambane

Copal）或"莫桑比克柯巴"（Mozambique Copal），是一种良好的漆饰材料。

木材宏观特征 心边材区别明显，心材暗褐色或灰黑色，具浅色条纹；边材黄白色。生长轮略明显。散孔材；管孔小至略小，略密。轴向薄壁组织环管状、翼状、轮界状。木射线放大镜下可见。木材纹理直或交错，结构细而均匀。

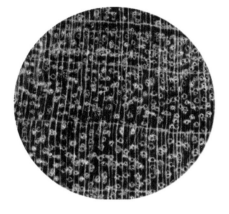

左
成对古夷苏木
宏观横切面

右
成对古夷苏木
实木

木材微观特征 单管孔和2～3个径列复管孔，内含树胶。导管分子单穿孔，管间纹孔式互列。轴向薄壁组织环管束状、翼状、聚翼状及轮界状，带宽2～3细胞。木射线非叠生；单列射线少；多列射线宽2～3细胞，高10～25细胞。射线组织同形单列及多列。射线细胞多含树胶。

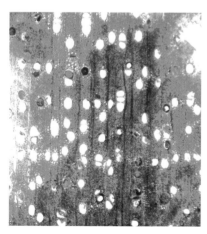

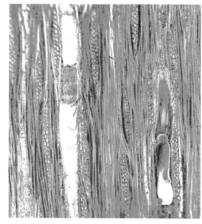

左
成对古夷苏木
微观横切面

右
成对古夷苏木
微观弦切面

濒危与珍贵
木材鉴别

鉴别要点与相似树种

（1）鉴别要点：心边材区别明显，心材暗褐色或灰黑色，具浅色条纹。散孔材；管孔小至略小，略密。轴向薄壁组织环管状、翼状、轮界状。木射线非叠生；单列射线少；多列射线宽2～3细胞，高10～25细胞。射线组织同形单列及多列。

（2）相似树种：爱里古夷苏木*Guibourtia ehie* J. Leonard.。

苏木科古夷苏木属。别名：巴花、非洲花梨木、红贵宝。大乔木，树高达45m，胸径达80cm。主产喀麦隆、赤道几内亚、加蓬、刚果（布）、刚果（金）等非洲热带国家。

心边材区别明显，心材黄褐色至巧克力色，常带有黑色条纹。生长轮略明显。散孔材；管孔略小、略密。管孔放大镜下明显。轴向薄壁组织翼状及轮界状。单管孔，少数2～4个径列复管孔。导管具树胶。导管分子单穿孔，管间纹孔式互列，系附物纹孔。木射线非叠生。单列射线少，多列射线宽2～5细胞，高15～28细胞。射线组织同形单列及多列。

成对古夷苏木与爱里古夷苏木的区别如下。成对古夷苏木心材暗褐色或灰黑色，具浅色条纹；爱里古夷苏木心材黄褐色至巧克力色，常带有黑色条纹。成对古夷苏木多列射线宽2～3细胞；爱里古夷苏木多列射线宽2～5细胞。其余特征十分相似，需注意仔细鉴别。

左
爱里古夷苏木
宏观横切面

中
爱里古夷苏木
微观横切面

右
爱里古夷苏木
微观弦切面

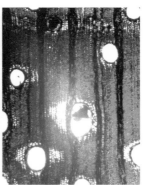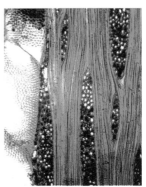

材性及用途　气干密度0.95～1.10g/cm³。强度中，硬度中，干缩大。加工容易，油漆或上蜡性能良好。宜用于制作椅类、床类、顶箱柜、沙发、办公桌等高级仿古典工艺家具及楼梯扶手、实木门、实木地板等。

2.84　甘巴豆 *Koompassia malaccensis* Maing

英文名称　Kempas。

商品名或别名　肯帕斯，康派斯，门格里斯，金不换。市场常见的甘巴豆主要有：甘巴豆（*K. malaccensis*）、大甘巴豆（*K. excelsa*）、大花甘巴豆（*K. grandiflora*）。

科属名称　苏木科，甘巴豆属。

树木性状及产地　大乔木，树高达55m，胸径达4m。分布马来西亚、印度尼西亚、文莱、泰国、菲律宾等东南亚热带国家。

珍贵等级　一类木材。

市场参考价格　4 500～6 000元/m³。

木文化　甘巴豆拉丁名的音译为康帕斯，商家为了迎合顾客的心理而改其称为"金不换"，是最初充当"红木"的树种之一。木材横切面可见翼状、聚翼状及轮界状薄壁组织，弦切面可见近乎叠生的纺锤形木射线，导管内含硫黄色沉积物，心材砖红至橘红色并间以深色条纹，构成该木材美丽花纹。

木材宏观特征　心边材区别明显，心材粉红色至砖红色，久则转为橘红色，并具有窄的黄褐至红褐色条纹；边材灰白或黄褐色，常带粉红色条纹。散孔材；管孔数少、略大，肉眼下略明显。轴向薄壁组织翼状、聚翼状及轮界状。木射线放大镜下明显。波痕不可见。纹理交错，结构粗。

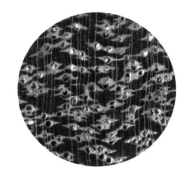

左
甘巴豆
宏观横切面

右
甘巴豆
实木

濒危与珍贵
木材鉴别

单管孔，少数2～4个径列复管孔。导管似叠生。导管分子单穿孔，管间纹孔式互列，系附物纹孔。轴向薄壁组织翼状、聚翼状及轮界状。木射线近叠生。单列射线少，多列射线宽2～4细胞，高18～28细胞。射线组织异形III型，稀异形II型。

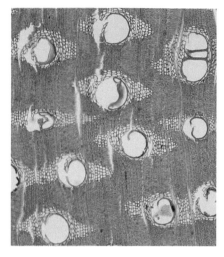
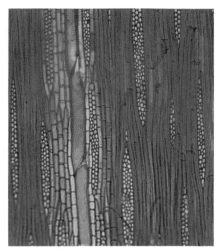

左
甘巴豆
微观横切面

右
甘巴豆
微观弦切面

鉴别要点与相似树种

（1）鉴别要点：心边材区别明显，心材粉红色至砖红色，久则转为橘红色。散孔材；管孔数少、略大。轴向薄壁组织翼状、聚翼状及轮界状。木射线近叠生。单列射线少，多列射线宽2～4细胞，高18～28细胞。射线组织异形III型，稀异形II型。

（2）相似树种：大甘巴豆*Koompassia excelsa* (Becc.)Taubert。

苏木科甘巴豆属。别名：芒吉斯、康派斯、门格里斯、蒙格瑞斯。

心边材区别明显，心材暗红色，久转巧克力褐色。散孔材；管孔数少、略大，肉眼下略明显。轴向薄壁组织翼状、聚翼状及傍管带状，宽3～5细胞。木射线近叠生。单列射线少，多列射线宽2～5（多数3～4）细胞，高18～28细胞。射线组织异形III型，稀异形II型。

甘巴豆与大甘巴豆的区别是：甘巴豆轴向薄壁组织翼状、聚翼状及轮界状；大甘巴豆轴向薄壁组织翼状、聚翼状及傍管带状。其余特征十分相似，需注意仔细鉴别。

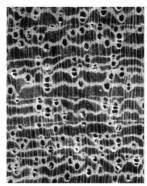 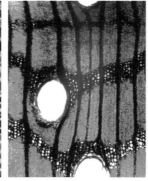 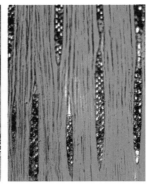

左
大甘巴豆
宏观横切面

中
大甘巴豆
微观横切面

右
大甘巴豆
微观弦切面

材性及用途　气干密度0.77～1.10g/cm³。强度高，硬度大，干缩小。加工容易，油漆或上蜡性能良好。宜用于制作椅类、床类、沙发、餐桌、书桌等高级仿古典工艺家具及楼梯扶手及实木地板等。

2.85　木荚豆 *Xylia xylocarpa* Taub.

英文名称　Pyinkado。

商品名或别名　品卡多，金车花梨，柬埔寨花梨，金车木。

科属名称　含羞草科，木荚豆属。

树木性状及产地　落叶大乔木，树高达40m，胸径达1.2m。主产缅甸、印度、柬埔寨、泰国等国家。

珍贵等级　一类木材。

市场参考价格　6 000～8 000元/m³。

木文化　木荚豆因其心材红褐色，具有深色的带状条纹而被误称为花梨木。木荚豆最大的特点是心材导管充满深色胶状内含物，气温高时常溢出表面而产生黏润油腻感或蜡质感。这也是该木材最大的特性。人们可以利用这一特性对用木荚豆制造的家具进行打蜡处理，其效果要比油漆好得多。

木材宏观特征　心边材区别明显，心材红褐色，具较深色的带状条纹；边材浅红白色。散孔材；管孔略少、略小；管孔内含深色树胶或白色沉积物，气温高时常溢出木材表面而产生黏润油腻感或蜡质感。轴向薄壁组织放大镜下环管状。木射线放大镜下可见。纹理交错，结构细。

木材微观特征　单管孔，少数2～4个径列复管孔。导管内具树胶状沉积物。导管分子单穿孔，管间纹孔式互列。轴向薄壁组织翼状、聚翼状、环管束状。木射线非叠生，多为2列射线，高7～44细胞。同一射线有时出现2～3次多列部分；射线组织同形单列及多列。

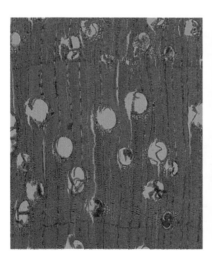
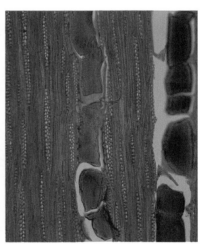

鉴别要点与相似树种

（1）鉴别要点：心边材区别明显，心材红褐色，具较深色的带状条纹。散孔材；管孔略少、略小；管孔内含深色树胶或白色沉积物，气温高时常溢出木材表面而产生黏润油腻感或蜡质感。轴向薄壁组织翼状、聚翼状、环管束状。木射线非叠生，多为2列射线，高7～44细胞。同一射线有时出现2～3次多列部分；射线组织同形单列及多列。

（2）相似树种：海氏翁萼豆 *Calpocalyx heitzii* Pellegr.。

含羞草科翁萼豆属。别名：米阿马。大乔木，树高达34m，胸径达90cm。主产赤道几内亚、喀麦隆、加蓬等非洲热带国家。

心边材区别略明显，心材红褐色，常见深色带状条纹；边材浅红灰色。生长轮不明显。散孔材；管孔略少、略小。单管孔，少数2～3个复管孔。导管分子单穿孔，管间纹孔式互列。轴向薄壁组织环管状、翼状、聚翼状。分隔木纤维常见。木射线非叠生，有时局部整齐排列；单列射线较少，多列射线宽2～3细胞，高多18～25细胞；射线组织同形单列及多列。

木荚豆与海氏翁萼豆的区别如下。木荚豆心材红褐色，具较深色的带状条纹；海氏翁萼豆心材红褐色，常见深色带状条纹。木荚豆管孔内含深色树胶或白色沉积物，气温高时常溢出木材表面而产生黏润油腻感或蜡质感；海氏翁萼豆无此特性。其余特征比较相似，需注意仔细鉴别。

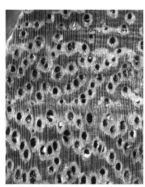 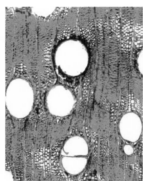 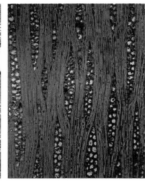

左
海氏翁萼豆
宏观横切面

中
海氏翁萼豆
微观横切面

右
海氏翁萼豆
微观弦切面

材性及用途　气干密度0.83～1.23g/cm³。强度高，硬度大，干缩小。加工略难，油漆或上蜡性能良好。宜用于制作椅类、床类、顶箱柜、沙发、餐桌、书桌等高级仿古典工艺家具及楼梯扶手、实木门及实木地板等。

2.86　可乐豆 *Colophospermum mopanea* (Benth.) J. Leonard

英文名称　Mopane。

商品名或别名　红贵宝，非洲酸枝，非洲红酸枝。

科属名称　含羞草科，可乐豆属。

树木性状及产地　乔木，树高达18m，胸径达40cm。主产南非、津巴布韦、莫桑比克、博茨瓦纳、赞比亚、安哥拉、纳米比亚等非洲国家。

珍贵等级　二类木材。

市场参考价格　3 500～4 500元/m³。

木文化　可乐豆木能在非常严酷的极端干热气候环境中生存，因此成了许多动物的栖息场所。食草动物在这里游荡，自然也就把食肉动物吸引过来。

木材宏观特征　心边材区别明显，心材黄褐色至咖啡色，具黑色条纹；边材浅灰色。生长轮略明显。散孔材；管孔略小至中，管孔内含丰富的黄白色沉积物。轴向薄壁组织环管状。木材纹理交错，结构甚细。

左
可乐豆
宏观横切面

右
可乐豆
实木

木材微观特征　单管孔及2～3个短径列复管孔，导管内充满深色树胶。导管分子单穿孔，管间纹孔式互列。轴向薄壁组织环管状。木射线非叠生；单列射线少，多列射线宽2～4细胞，高8～32细胞；射线组织异形单列及多列。射线细胞内含丰富树胶。

左
可乐豆
微观横切面

右
可乐豆
微观弦切面

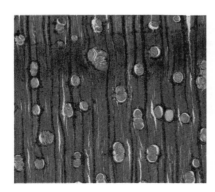
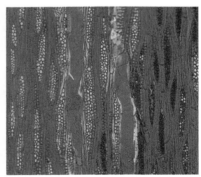

（1）鉴别要点：心边材区别明显，心材黄褐色至咖啡色，具黑色条纹。散孔材；管孔略小至中，管孔内含丰富的黄白色沉积物。轴向薄壁组织环管状。木射线非叠生；单列射线少，多列射线宽2～4细胞，高8～32细胞；射线组织异形单列及多列。

（2）相似树种：黑木黄蕊 *Xanthostemon melanoxylon*。

桃金娘科黄蕊属。别名：所罗门黑檀、太平洋黑檀、女王黑檀。常绿乔木，树高达20m，胸径达60cm。主产所罗门群岛。

心边材区别明显，心材紫黑色或巧克力色，具黑褐色条纹。散孔材；管孔略小至中，管孔内侵填体和黄色沉积物丰富。单管孔，稀2个短径列复管孔，导管内含硬化侵填体。导管分子单穿孔，管间纹孔式互列。轴向薄壁组织星散状。木射线非叠生；全单列射线，高4～12细胞；射线组织异形单列。射线细胞内含丰富树胶。

可乐豆与黑木黄蕊的区别如下。可乐豆心材黄褐色至咖啡色；黑木黄蕊心材紫黑色或巧克力色。可乐豆管孔内含丰富的黄色沉积物；黑木黄蕊管孔内侵填体和黄色沉积物。可乐豆单列射线少，多列射线宽2～4细胞；黑木黄蕊全单列射线。其余特征十分相似，需注意仔细鉴别。

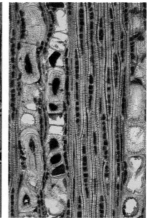

左
黑木黄蕊
宏观横切面

中
黑木黄蕊
微观横切面

右
黑木黄蕊
微观弦切面

材性及用途 气干密度0.95～1.26g/cm³。硬度大，强度高。宜作为重型结构、桥梁、木地板、枕木、造船、建筑等用材。

2.87　加蓬圆盘豆 *Cylicodiscus gabunensis* Harms

英文名称　Okan。

商品名或别名　柚檀王，奥坎，金柚檀，非洲绿心木。

科属名称　含羞草科，圆盘豆属。

树木性状及产地　大乔木，树高达55m，枝下高达24m，胸径达1m。主产尼日利亚、加纳、加蓬、刚果、喀麦隆、科特迪瓦、塞拉利昂等非洲热带国家。

珍贵等级　一类木材。

市场参考价格　6 500～8 500元/m³。

木材宏观特征　心边材区别明显，心材金黄褐色，久则转为红棕色，具深色带状条纹；边材浅粉红色。散孔材；管孔数少、略小，管孔内含褐色树胶。轴向薄壁组织环管状及翼状。木材纹理交错，结构略粗。

左
加蓬圆盘豆
宏观横切面

右
加蓬圆盘豆
实木

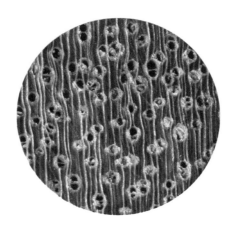

木材微观特征　单管孔，少数2～3个径列复管孔。导管分子单穿孔，管间纹孔式互列。轴向薄壁组织环管状、翼状、聚翼状。木射线非叠生；单列射线少，多列射线宽2～4细胞，高多15～20细胞。射线组织同形单列及多列。射线细胞内树胶丰富。

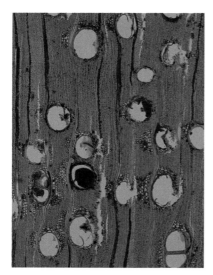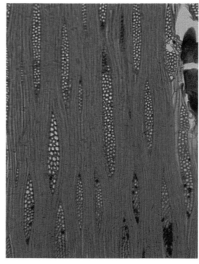

左
加蓬圆盘豆
微观横切面

右
加蓬圆盘豆
微观弦切面

鉴别要点与相似树种

（1）鉴别要点：心边材区别明显，心材金黄褐色，久则转为红棕色，具深色带状条纹。散孔材，管孔内含褐色树胶。轴向薄壁组织环管状、翼状、聚翼状。木射线非叠生；单列射线少，多列射线宽2～4细胞，高多15～20细胞。射线组织同形单列及多列。

（2）相似树种：腺瘤豆 *Piptadeniastrum africanum* Brenan.。

含羞草科腺瘤豆属。别名：奥丹、达比马。大乔木，树高达46m，胸径达1.5m。主产科特迪瓦、加纳、塞拉利昂、利比里亚、尼日利亚、加蓬、刚果（金）、乌干达等非洲热带国家。

心边材区别明显，心材浅褐色或金黄褐色，边材灰白色至灰黄色。散孔材，管孔内含浅色腊质沉积物和褐色树胶。单管孔，少数2～3个径列复管孔。导管分子单穿孔，管间纹孔式互列。轴向薄壁组织环管状、翼状、聚翼状及轮界状，带宽2～3细胞。分隔木纤维明显。木射线非叠生；多列射线宽2～5细胞，高15～25细胞。射线组织同形多列。木材纹理交错，结构粗。

加蓬圆盘豆与腺瘤豆的区别是：加蓬圆盘豆轴向薄壁组织环管状、翼状、聚翼状；腺瘤豆轴向薄壁组织环管状、翼状、聚翼状及轮界状，带宽2～3细胞。其余特征十分相似，需注意仔细鉴别。

濒危与珍贵
木材鉴别

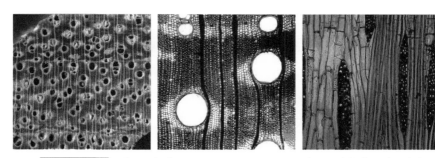

左
腺瘤豆
宏观横切面
中
腺瘤豆
微观横切面
右
腺瘤豆
微观弦切面

材性及用途　气干密度0.96～1.00g/cm3。硬度、强度高。很耐腐。
宜作为重型构筑物、桥梁、重载地板、家具、造船等用材。

2.88　台湾相思 *Acacia confusa* Merr.

英文名称　Rich Acacia。

商品名或别名　相思，相思木，相思仔，番松柏，番子树，海红豆，黑酸枝。

科属名称　含羞草科，金合欢属。

树木性状及产地　常绿乔木，树高达15m，胸径达1m。主产我国台湾、福建、广西、广东、海南等省区；菲律宾亦产。

珍贵等级　二类木材。

市场参考价格　3 000～4 500元/m³。

木文化　"相思树下望台湾，南柯梦魂凭往还。问君几时返故土，问君何日再团圆。"相思之名一定是为分离的情人而取的。她也有一缕乡思，在默默思念亲人与家乡。

木材宏观特征　心边材区别明显，心材黑色或栗褐色，边材浅黄褐或黄褐色。生长轮略明显。散孔材；管孔略小、略密。轴向薄壁组织环管束状。木材纹理交错，结构细。

左
台湾相思
宏观横切面

右
台湾相思
实木

木材微观特征 单管孔及2～5个径列复管孔。导管分子单穿孔，管间纹孔式互列。轴向薄壁组织环管束状，薄壁细胞内具菱形晶体，分室含晶细胞多至15个。木射线非叠生；单列射线较少；多列射线宽2～3细胞，高10～20细胞。同一射线内偶2次多列部分。射线组织同形单列及多列。射线细胞内含丰富树胶及菱形晶体。

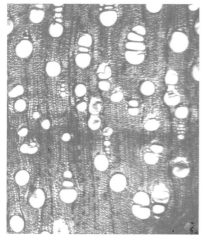 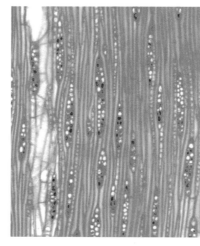

左
台湾相思
微观横切面

右
台湾相思
微观弦切面

鉴别要点与相似树种

（1）鉴别要点：心边材区别明显，心材黑色或栗褐色。散孔材；管孔略小、略密。轴向薄壁组织环管束状。木射线非叠生；单列射线较少；多列射线宽2～3细胞。同一射线内偶2次多列部分。射线组织同形单列及多列。

（2）相似树种：马占相思*Acacia mangium* willd。

含羞草科金合欢属。别名：大叶相思。常绿乔木，树高达20m，胸径达50cm。原产澳大利亚、巴布亚新几内亚和印度尼西亚。我国海南、广东、广西、福建等省区均有引种栽培。

心边材区别明显，心材黑色或栗褐色，边材黄白或浅黄褐色，心材较宽。生长轮略明显。散孔材；管孔略小至中。单管孔，少数2～3个径列复管孔。导管分子单穿孔，管间纹孔式互列。轴向薄壁组织环管状，薄壁细胞内具菱形晶体。木射线非叠生；全单列射线，高2～15细胞。射线组

濒危与珍贵
木材鉴别

织同形单列。射线细胞内含丰富树胶。木材纹理交错，结构细。

台湾相思与马占相思的区别是：台湾相思木射线单列射线较少，多列射线宽2～3细胞；射线组织同形单列及多列；马占相思木射线全为单列射线；射线组织同形单列。其余特征十分相似，需注意仔细鉴别。

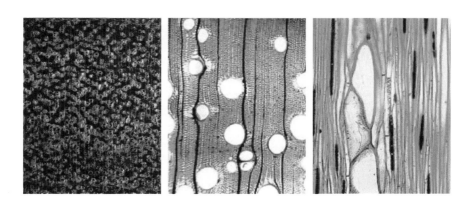

材性及用途　气干密度0.83～0.88 g/cm³。强度中等，硬度大。耐腐性强，抗虫性强。锯切较难，切削面较光滑；油漆后光亮性好，胶黏容易。宜作为酒桶、木雕、实木地板、渔船底板及龙骨等用材。

2.89　长叶鹊肾树 *Streblus elongatus*(Miq.)Corner

英文名称　Mabiwasa。

商品名或别名　大叶黄花梨，金星黄花梨，印尼黄花梨，黄金黄花梨。

科属名称　桑科，鹊肾树属。

树木性状及产地　乔木，树高达20m，胸径达50cm。主产印度尼西亚的加里曼丹等地区。

珍贵等级　一类木材。

市场参考价格　0.9万～1.2万元/m³。

木文化　每一株大叶黄花梨都拥有独一无二的绚丽花纹。在油润光泽的木料上，呈现出自然的鬼斧神工。木纹中夹蕴着清晰生动的"鬼脸"纹路，或是深沉的深褐色，又或呈现神秘的紫赭色，造型如行云流水，若隐若现的古韵，展现让人着迷的独特魅力。酷似海南黄花梨（降香黄檀），由于其叶子较降香黄檀叶子大得多，所以，市场上称之为"大叶黄花梨"。

木材宏观特征　心边材区别明显，心材新切面红褐色，久则变暗褐色或红紫色，具黑色而不规则条纹；边材浅黄褐色。生长轮不明显。散孔材；管孔少至略少，大小中等，放大镜下明显，具丰富侵填体或沉积物。轴向薄壁组织翼状、聚翼状。木射线放大镜下明显。纹理交错，结构细。

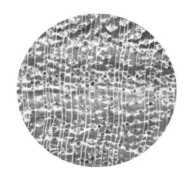

右
长叶鹊肾树
宏观横切面

右
长叶鹊肾树
实木

木材微观特征　单管孔，少数2～3个径列复管孔。导管内具丰富侵填体。导管分子单穿孔，管间纹孔式互列。轴向薄壁组织翼状、聚翼状。木纤维壁甚厚，分隔木纤维可见。木射线非叠生；单列射线甚少，多列射线宽2（偶3）细胞，高多15～35细胞；同一射线出现2次以上多列部分，单列射线细胞与多列部分略等宽。射线组织异形Ⅲ型及异形Ⅱ型。部分射线细胞富含树胶。

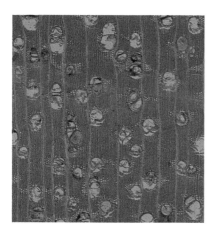

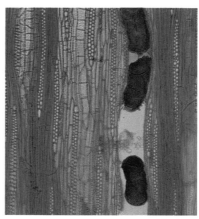

左
长叶鹊肾树
微观横切面

右
长叶鹊肾树
微观弦切面

（1）鉴别要点：心边材区别明显，心材红褐色或红紫色，具黑色而不规则条纹。散孔材；管孔少至略少，具丰富侵填体或沉积物。单管孔，少数径列复管孔2～3个。轴向薄壁组织翼状、聚翼状。木射线非叠生；单列射线甚少，多列射线宽2（偶3）细胞，高多15～35细胞；射线组织异形Ⅲ型及异形Ⅱ型。

（2）相似树种：圭亚那蛇桑*Piratinera guianensis* Aubl.。

桑科蛇桑属。别名：蛇纹木、甲骨文木。乔木，树高达25m，胸径达60cm。主产圭亚那、苏里南、巴西、墨西哥等中南美洲国家。

心边材区别明显，心材红色或红褐色，具有黑色或红紫色蛇皮状条纹。管孔放大镜下明显，具丰富侵填体。散孔材；单管孔及2～4个径列复管孔；导管几乎充满硬化侵填体。导管分子单穿孔，管间纹孔式互列。轴向薄壁组织稀少，稀疏环管状。木纤维壁甚厚，分隔木纤维可见。木射线非叠生。2列射线为主，高5～25细胞。单列射线细胞长方形，同一射线出现2次以上多列部分，射线细胞单列与多列部分等宽。射线组织异形Ⅰ型、Ⅱ型。

长叶鹊肾树与蛇桑木的区别如下。长叶鹊肾树导管具丰富侵填体或沉积物；蛇桑木导管几乎充满硬化侵填体。长叶鹊肾树射线组织异形Ⅲ型及异形Ⅱ型；蛇桑木射线组织异形Ⅰ型、Ⅱ型。其余特征十分相似，需注意仔细鉴别。

左
蛇桑木
宏观横切面

中
蛇桑木
微观横切面

右
蛇桑木
微观弦切面

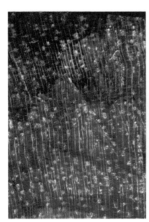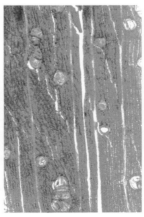

　气干密度1.02～1.41g/cm³，堪称是世界上密度最大的木材。因心材重硬，故加工困难，但切面光滑，抛光性极好，不油漆直接抛光打蜡也非常漂亮，旋制品极佳。宜作为官帽椅、皇宫椅、交椅、沙发、餐桌等高级仿古典工艺家具及动物肖像等工艺品用材。

2.90　饱食桑 *Brosimum rubescens* Taub.

英文名称　Amaba amargoso。

商品名或别名　巴西血檀，南美红檀，血木，宝石桑，波雷哈。

科属名称　桑科，饱食桑属。

树木性状及产地　乔木，树高达20m，胸径达60cm。主产圭亚那、秘鲁、巴西等南美洲热带国家。

珍贵等级　一类木材。

市场参考价格　4 500～6 000元/m³。

木文化　饱食桑是巴西国木，巴西政府对其限量出口，饱食桑如宝石般难得，所以又被称为"宝石桑"。饱食桑初伐时，心材材色红艳似血，故又称"血木"或"红檀"。

木材宏观特征　心边材区别明显，心材深红棕色，边材浅棕色。散孔材；管孔略少、略小；内含丰富侵填体。轴向薄壁组织翼状及聚翼状。木材纹理直，结构细而均匀。

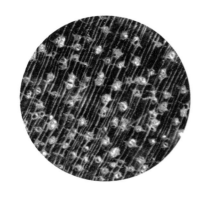 

左
饱食桑
宏观横切面

右
饱食桑
实木

木材微观特征　单管孔。管孔内含硬化侵填体。导管分子单穿孔，管间纹孔式互列。轴向薄壁组织翼状及聚翼状。木射线非叠生；单列射线少；多列射线宽2～5细胞，高5～32细胞。射线组织异形Ⅱ型及Ⅲ型。射线细胞含树胶和菱形晶体。

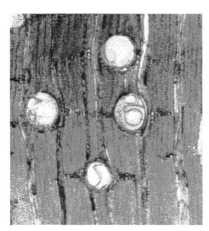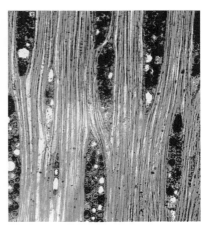

鉴别要点与相似树种

（1）鉴别要点：心边材区别明显，心材深红棕色。散孔材；管孔内含丰富硬化侵填体。轴向薄壁组织翼状及聚翼状。木射线非叠生；单列射线少；多列射线宽2～5细胞。射线组织异形Ⅱ型及Ⅲ型。

（2）相似树种：绿柄桑 *Chlorophora excelsa* Benth. et Hook. F.。

桑科绿柄桑属。别名：非洲黄金木、花檀、黄金柚、金柚木。大乔木，树高达45m，胸径达2.7m。主产塞拉利昂、利比里亚、科特迪瓦、尼日利亚、安哥拉、加纳、加蓬、刚果、喀麦隆、刚果（金）等非洲热带国家。

心边材区别明显，心材新切面黄色，但见光后立刻变为金黄褐色；边材黄白色。散孔材，管孔含少数侵填体。单管孔及2～3个径列复管。导管分子单穿孔，管间纹孔式互列。轴向薄壁组织环管束状、翼状、聚翼状及傍管带状。木射线部分叠生；单列射线甚少，多列射线宽2～6细胞，高5～29细胞。射线组织异形Ⅱ型，少数异形Ⅲ型。

饱食桑与绿柄桑的区别如下。饱食桑心材深红棕色；绿柄桑心材金黄褐色。饱食桑管孔内含丰富硬化侵填体；绿柄桑管孔含少数侵填体。饱食桑轴向薄壁组织翼状及聚翼状；绿柄桑轴向薄壁组织环管束状、翼状、聚翼状及傍管带状。其余特征十分相似，需注意仔细鉴别。

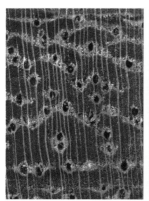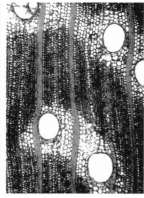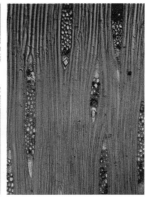

材性及用途　气干密度0.66～0.82g/cm³。强度中至高。加工较容易，干燥快，稍有翘曲。锯屑能刺激皮肤引起皮肤病。宜作为船舶、车辆、桥梁、建筑、细木工、室内装修、刨切装饰单板、海上桩木等用材。

2.91　风车木 *Combretum imberbe* Wawra

英文名称　Monzo。

商品名或别名　皮灰，黑檀，乌木。

科属名称　使君子科，风车藤属。

树木性状及产地　常绿大乔木，树高达20m，胸径达70cm。原产莫桑比克、津巴布韦、赞比亚等非洲热带国家。

珍贵等级　二类木材。

市场参考价格　3 500～4 500元/m³。

木文化　市场上把风车木叫"皮灰"，有三个原因：一是风车木外皮深灰褐，从内皮断面肉眼可见白（石细胞）褐相间分层环状排列；二是导管内含二氧化硅，板面在阳光照射下导管槽内呈断续的白色亮点；三是木射线含有大量白树胶，使其在阳光下横切面呈白木射线，径切面显白斑纹，弦切面为白点，这是风车木最大特点。

木材宏观特征　心边材区别明显，心材暗褐至咖啡带紫色，久则呈

濒危与珍贵
木材鉴别

黑紫色，具深浅相间条纹；边材黄白色。生长轮明显。半环孔材；管孔肉眼下可见，管孔内含白色树胶或二氧化硅。轴向薄壁组织放大镜下可见，环管束状、翼状及聚翼状。木射线放大镜下可见。木材具油性感。木材纹理略斜，结构粗。

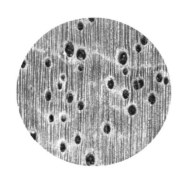 

木材微观特征　单管孔及2～3个径列复管孔；管孔内具丰富黑色树胶。导管分子单穿孔，管间纹孔式互列。轴向薄壁组织环管束状及翼状、聚翼状。木射线非叠生；射线单列（稀对列及2列），高4～12细胞。射线组织同形单列及多列。射线细胞内含白色结晶。

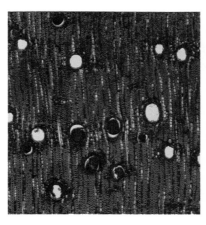 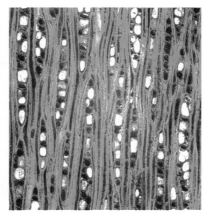

鉴别要点与相似树种

（1）鉴别要点：心边材区别明显，心材暗褐至咖啡带紫色，久则呈黑紫色，具深浅相间条纹。生长轮明显。半环孔材，管孔内含白色树胶或二氧化硅。轴向薄壁组织环管束状及翼状、聚翼状。木射线非叠生；射线单列（稀对列及2列）。射线组织同形单列及多列。射线细胞内含白色结晶。

（2）相似树种：毛榄仁 *Terminalia tomentosa* Wight & Arn。

使君子科榄仁树属。别名：柬埔寨酸枝、黑酸枝。大乔木，树高达28m，胸径达1.2m。原产泰国、缅甸、越南、柬埔寨和印度等国家。

心边材区别明显，心材浅褐色带深色条纹到巧克力褐色。散孔材；管孔肉眼下略明显，侵填体可见。单管孔，少数2～3个径列复管孔。导管分子单穿孔，管间纹孔式互列。轴向薄壁组织翼状、聚翼状及轮界状。木射线非叠生；射线全为单列，高1～12细胞。射线组织同形单列，射线细胞内充满树胶。

风车木与毛榄仁的区别如下。风车木为半环孔材；毛榄仁为散孔材。风车木射线单列（稀对列及2列）；毛榄仁木射线全为单列。其余特征均十分相似，需注意仔细鉴别。

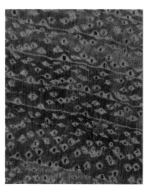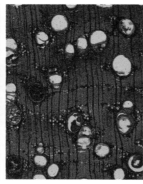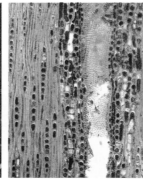

左
毛榄仁
宏观横切面

中
毛榄仁
微观横切面

右
毛榄仁
微观弦切面

材性及用途　气干密度0.91～1.10g/cm³。纹理交错，结构细，甚重硬，强度高，具光泽，略具油性感。加工容易，油漆或上蜡性能良好；耐腐。宜作为高档家具、地板、工艺品等用材。

2.92　毛榄仁 *Terminalia tomentosa* Wight & Arn

英文名称　Rokfa。

濒危与珍贵
木材鉴别

商品名或别名　柬埔寨酸枝，黑酸枝。

科属名称　使君子科，榄仁树属。

树木性状及产地　大乔木，树高达28m，胸径达1.2m。原产泰国、缅甸、越南、柬埔寨和印度等国家。

珍贵等级　一类木材。

市场参考价格　5 000~6 000元/m³。

木文化　市场上曾有人把该木材称为"锦兰木"。因其颜色较深者外观酷似黑酸枝木类的阔叶黄檀，常被商家称为柬埔寨黑酸枝、高棉黑酸枝，作为一种红木代用材进入国内家具行业。颜色较浅者上色后冒充鸡翅木，称为"越南鸡翅木"。

木材宏观特征　心边材区别明显，心材变化大，从浅褐色带深色条纹到巧克力褐色；边材淡黄色。生长轮明显，界以轮界薄壁组织。散孔材；管孔肉眼下略明显，侵填体可见。轴向薄壁组织肉眼下可见，翼状、聚翼状及轮界状。木射线放大镜下可见。

左
毛榄仁
宏观横切面

右
毛榄仁
实木

木材微观特征　单管孔，少数2~3个径列复管孔。导管分子单穿孔，管间纹孔式互列。轴向薄壁组织翼状、聚翼状及轮界状。分隔木纤维可见。木射线非叠生；射线全为单列，高1~12细胞。射线组织同形单列，射线细胞内充满树胶。

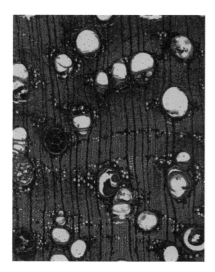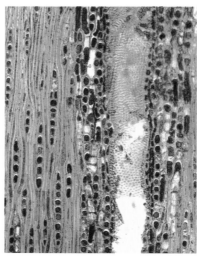

左
毛榄仁
微观横切面

右
毛榄仁
微观弦切面

鉴别要点与相似树种

（1）鉴别要点：心材变化大，从浅褐色带深色条纹到巧克力褐色。生长轮明显，界以轮界薄壁组织。散孔材；管孔侵填体可见。轴向薄壁组织翼状、聚翼状及轮界状。分隔木纤维可见。木射线非叠生；射线全为单列。射线组织同形单列，射线细胞内充满树胶。

（2）相似树种：风车木 *Combretum imberbe* Wawra。

使君子科风车藤属。别名：皮灰、黑檀、乌木。常绿大乔木，树高达20m，胸径达70cm。原产莫桑比克、津巴布韦、赞比亚等非洲热带国家。

心边材区别明显，心材暗褐至咖啡带紫色，久则呈黑紫色，具深浅相间条纹。半环孔材；管孔肉眼下可见，管孔内含白色树胶或二氧化硅。单管孔及2～3个径列复管孔；管孔内具丰富黑色树胶。导管分子单穿孔，管间纹孔式互列。轴向薄壁组织环管束状及翼状、聚翼状。木射线非叠生；射线单列（稀对列及2列），高4～12细胞。射线组织同形单列及多列。射线细胞内含白色结晶。

风车木与毛榄仁的区别如下。风车木为半环孔材；毛榄仁为散孔材。风车木射线单列（稀对列及2列）；毛榄仁木射线全为单列。其余特征均十分相似，需注意仔细鉴别。

濒危与珍贵
木材鉴别

左
风车木
宏观横切面

中
风车木
微观横切面

右
风车木
微观弦切面

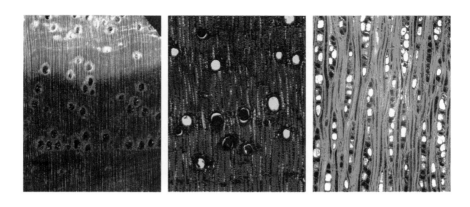

材性及用途　气干密度0.74～0.96g/cm³。木材具光泽，纹理直或略斜。机构中，略均匀。木材重，硬度大，强度大。宜作为高档家具、实木地板、工艺品等用材。

2.93　橡胶木 *Hevea brasiliensis* (H. B. K.) Muell. - Arg.

英文名称　Rubberwood。

商品名或别名　橡木，橡胶树，巴西橡胶。

科属名称　大戟科，橡胶树属。

树木性状及产地　大乔木，树高达30m，胸径达90cm。原产巴西亚马孙河流域。我国云南、广东、广西、海南等省区均有栽培，尤以海南最多。

珍贵等级　二类木材。

市场参考价格　3 800～4 800元/m³。

木文化　橡胶一词，来源于印第安话"cauuchu"，意为"流泪的树"。工业化应用前，只有南美的印第安人对橡胶进行简单的开采和利用。南美印第安人称橡胶树为"会哭泣的树"，只要小心切开树皮，乳白色的胶汁就会缓缓流出。最初的时候，橡胶被当作财富或极其珍贵的物品使用。公元前500年左右，墨西哥特瓦坎一带因生产橡胶而形成了一个橡胶之国——奥尔麦克王国。在一幅6世纪的壁画上，画有阿兹特克人向部落首领进贡生胶的情景。

木材宏观特征　心边材区别不明显，心材乳黄色或浅黄褐色；边材灰白色。生长轮略明显或不明显。散孔材；管孔肉眼下可见，侵填体丰富。
轴向薄壁组织放大镜下明显，离管带状及傍管状。木射线放大镜下明显。

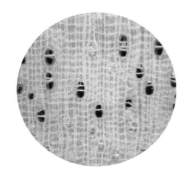

左
橡胶木
宏观横切面

右
橡胶木
实木

木材微观特征　单管孔及2～4个径列复管孔。导管分子单穿孔，管
间纹孔式互列。轴向薄壁组织离管带状及环管状。木射线非叠生；单列射
线较少，多列射线宽2～4细胞，高5～50细胞；同一射线有时出现2～5次
多列部分，多列部分有时与单列几乎等宽。射线组织异形Ⅰ型及Ⅱ型。

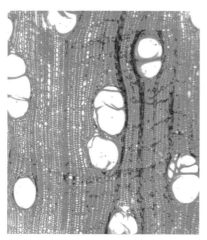
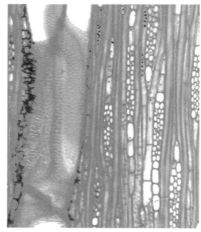

左
橡胶木
微观横切面

右
橡胶木
微观弦切面

鉴别要点与相似树种

（1）鉴别要点：心边材区别不明显，心材乳黄色或浅黄褐色。散孔
材；管孔侵填体丰富。轴向薄壁组织离管带状及傍管状。木射线非叠生；
单列射线较少；多列射线宽2～4列，同一射线有时出现2～5次多列部分，
多列部分有时与单列几乎等宽。射线组织异形Ⅰ型及Ⅱ型。

濒危与珍贵
木材鉴别

（2）相似树种：纤皮玉蕊 *Couratari oblongifolia* Ducke et K. Knuth。

玉蕊科纤皮玉蕊属。别名：陶阿里、比利马。大乔木，树高达20m，胸径达1.2m。主产巴西。

心边材区别不明显，心材乳白色或麦秆色，具灰色或黄色条纹；边材淡黄白色。散孔材，管孔多沉积物及具侵填体。单管孔，少数2～3个径列复管孔。导管分子单穿孔，管间纹孔式互列。轴向薄壁组织离管带状，带状宽1细胞。木射线非叠生；单列射线稀少；多列射线宽3～4细胞，高9～33细胞。射线组织异形Ⅱ型。射线细胞内含菱形及六角形晶体。

橡胶木与纤皮玉蕊的区别如下。橡胶木心材乳黄色或浅黄褐色；纤皮玉蕊心材乳白色或麦秆色。橡胶木射线组织异形Ⅰ型及Ⅱ型；纤皮玉蕊射线组织异形Ⅱ型。其余特征均十分相似，需注意仔细鉴别。

 材性及用途　气干密度0.50～64g/cm³。木材纹理直；结构细至中，均匀；重量中等；强度低。宜作为家具、地板、隔墙板等用材。

左
纤皮玉蕊
宏观横切面

中
纤皮玉蕊
微观横切面

右
纤皮玉蕊
微观弦切面

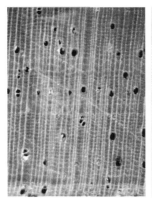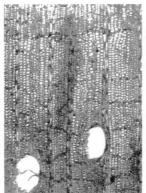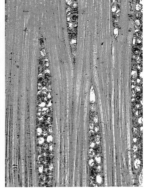

2.94　非洲螺穗木 *Spirostachys africana* Sond

 英文名称　Tomboti。

 商品名或别名　非洲檀香，非洲奶香木。

 科属名称　大戟科，螺穗木属。

 树木性状及产地　落叶或半落叶乔木，树高达18m，胸径达40cm。分布于东非、非洲西南部及南非等热带地区。

一类木材。

市场参考价格 5 500～7 000元/m³。

木文化 螺穗木有毒，含地奥酚等物质。树皮服用会损伤内脏器官。乳汁和木屑刺激皮肤，进入眼睛可致盲，乳汁可毒鱼，也可作为箭毒。食用螺穗木熏烤的肉会引起腹泻。枝和树皮提取物有基因毒性。

我国江苏一带，人们把非洲螺穗木称为"檀香花梨"，又叫"非洲檀香"。是因为非洲螺穗木有一种特殊的香味，只要站在附近，就能隐隐闻到一阵阵沁人心脾的香味。而被称为"花梨"则是因为非洲螺穗木有一个很有趣的特点，就是材料越小"鬼脸"越多，而且这"鬼脸"与海南黄花梨的很相似，但大料里就几乎看不到鬼脸。

木材宏观特征 心边材区别明显，心材深褐色，具黑色条纹；边材色浅。生长轮略明显。散孔材；管孔小而不明显，大部分心材管孔含黑褐色树胶。轴向薄壁组织不可见。木射线细，放大镜下难见。

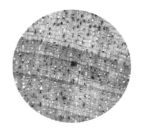 

左
非洲螺穗木
宏观横切面

右
非洲螺穗木
实木

木材微观特征 单管孔及2～7个径列复管孔，少数管孔团。导管分子单穿孔，管间纹孔式互列。轴向薄壁组织呈不规则、断续的切线状或星散-聚合状。木射线非叠生；射线单列（偶2列），高7～25细胞。射线组织同形单列，少数异形Ⅲ型。

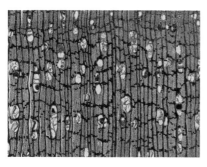 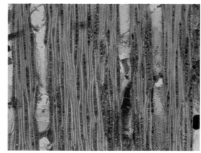

左
非洲螺穗木
微观横切面

右
非洲螺穗木
微观弦切面

濒危与珍贵
木材鉴别

鉴别要点与相似树种

（1）鉴别要点：心材深褐色，具黑色条纹。散孔材；管孔小而不明显，大部分心材管孔含黑褐色树胶。单管孔及2～7个径列复管孔，少数管孔团。轴向薄壁组织呈不规则、断续的切线状或星散-聚合状。木射线非叠生；射线单列（偶2列）。射线组织同形单列，少数异形Ⅲ型。

（2）相似树种：苏拉威西乌木*Diospyros celehica* Bakh.。

柿科柿属。别名：条纹乌木、乌云木、乌纹木、印尼黑檀。常绿大乔木，树高达40m，枝下高达20m，胸径达1m。主产印度尼西亚苏拉威西岛。

心边材区别明显，心材黑色或巧克力色，具有深浅相间的条纹；边材红褐色或灰褐色。散孔材。管孔放大镜下明星；略少、略小。生长轮不明显。主为单管孔，少数短径列复管孔，部分管孔内含树胶。导管分子单穿孔，管间纹孔式互列。轴向薄壁组织主为离管带状（宽多1～2细胞）。木射线非叠生，单列射线（偶2列）高10～18细胞，细胞长方形。射线组织异形单列。直立或方形细胞比横卧细胞高。射线细胞内含丰富的菱形晶体及树胶。

非洲螺穗木与苏拉威西乌木的区别如下。非洲螺穗木心材深褐色，具黑色条纹；苏拉威西乌木心材黑色或巧克力色，具有深浅相间的条纹。非洲螺穗木射线组织同形单列，少数异形Ⅲ型；苏拉威西乌木射线组织异形单列。其余特征十分相似，需注意仔细鉴别。

左
苏拉威西乌木
宏观横切面

中
苏拉威西乌木
微观横切面

右
苏拉威西乌木
微观弦切面

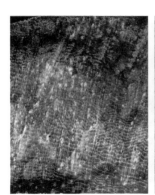
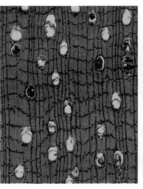
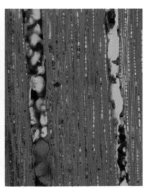

材性及用途 气干密度0.82～1.06g/cm³。材质重，硬度高，韧性强，防虫防腐效果佳。材色美丽，具有质感，光泽强，稳定好。宜作为高档家具、实木地板等用材。

2.95 坤甸铁樟木 *Eusideroxylon zwageri* Teijsm. & Binnend.

英文名称 Belian，Borneo ironwood。

商品名或别名 铁木，坤甸木，柚檀。

科属名称 樟科，铁樟属。

树木性状及产地 大乔木，树高达30m，胸径达1.2m。主产马来西亚、印度尼西亚、菲律宾等东南亚热带国家。

珍贵等级 一类木材。

市场参考价格 6 500～8 000元/m³。

木文化 这种木材有极强的耐腐、抗虫和抗白蚁能力，曾经有人做过实验，将坤甸铁樟木埋入地下，结果30年后不坏。色泽均匀，不怕浸水潮湿。印度将其奉为国木，马来西亚禁止出口。

木材宏观特征 心边材区别明显，心材黄褐色至红褐色，久置于大气中转呈黑色；边材色浅。生长轮不明显或略见。散孔材；管孔肉眼下可见，管孔内侵填体丰富。轴向薄壁组织肉眼下可见，环管状、翼状、聚翼状及带状。木射线放大镜下可见。

左
坤甸铁樟木
宏观横切面

右
坤甸铁樟木
实木

木材微观特征 单管孔，少数2～4个径列复管孔。导管分子单穿孔，管间纹孔式互列。轴向薄壁组织翼状、聚翼状、环管状及不规则带状。薄壁细胞中具有丰富的油细胞或黏液细胞。木射线非叠生；单列射线甚少，高1～8细胞；多列射线宽2～4细胞，高5～72细胞，多列部分有时与单列部分几乎等宽，同一射线内间或出现2～3次多列部分。射线组织异形Ⅲ型。

濒危与珍贵
木材鉴别

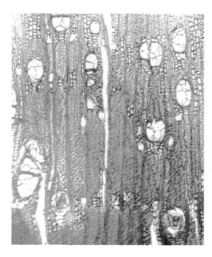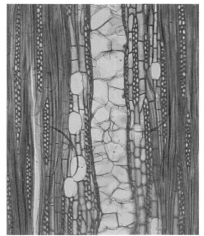

左
坤甸铁樟木
微观横切面

右
坤甸铁樟木
微观弦切面

（1）鉴别要点：心边材区别明显，心材黄褐色至红褐色，久置于大气中转呈黑色。生长轮不明显或略见。散孔材；管孔内侵填体丰富。轴向薄壁组织翼状、聚翼状、环管状及不规则带状。薄壁细胞中具有丰富的油细胞或黏液细胞。木射线非叠生；单列射线甚少；多列射线宽2～4细胞，多列部分有时与单列部分几乎等宽，同一射线内间或出现2～3次多列部分。射线组织异形Ⅲ型。

（2）相似树种：尼克樟 *Nectandra rubra* O. K. Allen。

樟科尼克樟属。别名：红劳罗、红尼克樟。大乔木，树高达30m，胸径达1.2m。主产圭亚那、巴西、玻利维亚、苏里南等美洲热带国家。

心边材区别明显，心材深红褐色，边材浅灰褐色。散孔材；管孔径列，斜列互成不规则形；管孔内具侵填体。单管孔及2～3个径列复管孔。导管分子单穿孔，管间纹孔互列。轴向薄壁组织环管束状、翼状及聚翼状；薄壁细胞有时膨大成油细胞。木射线非叠生。多列射线宽2～3细胞，高10～20细胞以上，同一射线有时出现2次多列部分。射线组织异形Ⅲ型。部分射线细胞含树胶。

坤甸铁樟木与尼克樟的区别是：坤甸铁樟木心材黄褐色至红褐色，久置于大气中转呈黑色；尼克樟心材深红褐色。其余特征十分相似，需注意仔细鉴别。

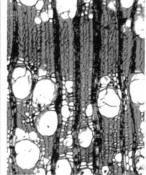
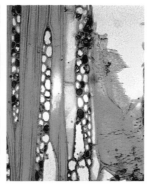

左
尼克樟
宏观横切面

中
尼克樟
微观横切面

右
尼克樟
微观弦切面

材性及用途　气干密度1.00～1.20g/cm³。纹理直，结构细至中，甚重硬，强度甚高，具光泽，略具油性感。加工较难，油漆或上蜡性能良好，耐腐性强。宜作为高档家具、实木地板、楼梯扶手、实木门框等用材。

2.96　楠木 *Phoebe zhennan* S. Lee et F. N. Wei

英文名称　Zhennan。

商品名或别名　桢楠，雅楠，光叶楠，巴楠，细叶润楠，小叶桢楠，金丝楠。

科属名称　樟科楠属。

树木性状及产地　常绿大乔木，树高达40m，胸径达1m。主产四川、云南、贵州、湖北等省区。

珍贵等级　国家二级重点保护野生植物；特类木材。

市场参考价格　0.8万～1.6万元/m³。

木文化　历史上，楠、樟、梓、椆并称为四大名木，而楠木被冠以四大名木之首，足见人们对楠木喜爱程度有多高。在我国建筑中，金丝楠木一直被视为最理想、最珍贵、最高级的建筑用材，在宫殿苑囿、坛庙陵墓中广泛应用。根据《博物要览》，楠木有三种：一是香楠，木微紫而带清香，纹理也很美观；二是金丝楠（桢楠和紫楠的别名），木纹里有金丝，是楠木中最好的一种，更为难得的是，有的楠木材料结成天然山水人物花纹；三是水楠，木质较软，多用其制作家具。古代封建帝王龙椅宝座都要选用优质楠木制作，同时楠木还是古代修建皇家宫殿、陵寝、园林等的特种材料。该树种自清代起就稀有了。

木材宏观特征　心边材区别不明显，木材黄褐色带绿。生长轮略明显。散孔材；管孔肉眼下可见。轴向薄壁组织放大镜下可见，环管状、翼状。木射线肉眼下可见。

左
楠木
宏观横切面

右
楠木
实木

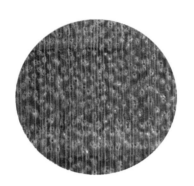

木材微观特征　单管孔及2～4个径列复管孔。导管分子单穿孔，圆形、椭圆形，稀梯状复穿孔；管间纹孔式互列。轴向薄壁组织环管状，稀环管束状或似翼状。木射线非叠生；单列射线少，多列射线宽2～4细胞，高6～15细胞。射线组织异形Ⅲ型及Ⅱ型。油细胞甚多，三个切面上均可辨，油细胞常见于射线两端或轴向薄壁组织中。

左
楠木
微观横切面

右
楠木
微观弦切面

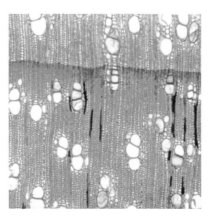
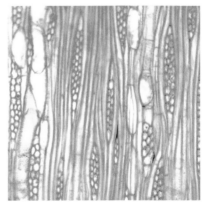

鉴别要点与相似树种

（1）鉴别要点：心边材区别不明显，木材黄褐色带绿。轴向薄壁组织环管状，稀环管束状或似翼状。木射线非叠生；单列射线少，多列射线宽2～4细胞。射线组织异形Ⅲ型及Ⅱ型。油细胞甚多，三个切面上均可辨，油细胞常见于射线两端或轴向薄壁组织中。

（2）相似树种：火力楠*Michelia macclurei* Dandy。

木兰科含笑属。别名：火力兰、醉香含笑、楠木。常绿大乔木，高达30 m，胸径达1m。主产广东、广西等省区。

心边材区别明显，心材黄绿色或绿褐色，边材黄白或浅黄褐色。生长轮略明显。散孔材；管孔很小，肉眼下不见；通常2～4个径列复管孔及少数单管孔，圆形或近圆形。导管分子复穿孔，管间纹孔式梯列，稀梯列-对列。轴向薄壁组织轮界状，带宽3～5细胞。木射线非叠生；单列射线较少；多列射线宽2～3细胞，高10～20细胞。同一射线内偶见2次多列部分。射线组织异形Ⅱ型或异形Ⅲ型。油细胞或黏液细胞常见于射线两端。

楠木与火力楠的区别如下。楠木心边材区别不明显，木材黄褐色带绿；火力楠心边材区别明显，心材黄绿色或绿褐色。楠木轴向薄壁组织环管状，稀环管束状或似翼状；火力楠轴向薄壁组织轮界状。其余特征十分相似，需注意仔细鉴别。

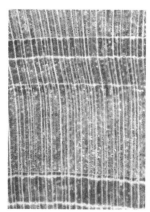 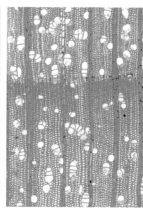 

左
火力楠
宏观横切面

中
火力楠
微观横切面

右
火力楠
微观弦切面

材性及用途　气干密度0.50～0.81 g/cm³。纹理交错；结构甚细，均匀；强度及硬度中等。加工容易，油漆或上蜡性能良好。切面光滑，有光泽，板面美观。宜作为椅类、床类、顶箱柜、沙发、餐桌、书桌等中高级工艺家具及楼梯扶手等用材。

2.97 海南坡垒 *Hopea hainanensis* Merr. et Chun

英文名称 Hainan Hopea。

商品名或别名 海梅，红英，石梓公，万年木。

科属名称 龙脑香科，坡垒属。

树木性状及产地 常绿乔木，树高达25m，胸径达50cm。主产海南、广西、云南等省区。越南、印度、马来西亚亦有分布。

珍贵等级 国家一级重点保护野生植物；特类木材。

市场参考价格 1万～2万元/m³。

木文化 坡垒属龙脑香科树种，是热带雨林的代表种。在我国仅产于广西、云南南部和海南岛。因数量很少而被定为国家一级保护植物。坡垒木材坚韧耐久，特别耐水湿，抗虫抗菌能力特强。广西宁明县花山崖壁有一根桩木，在悬崖上历经2 800年的风风雨雨，依然没有腐朽。所以，广西将坡垒称为"万年木"。

木材宏观特征 心边材区别略明显，心材深黄褐色，边材黄褐色。生长轮不明显。散孔材；管孔小，肉眼下呈白点状。轴向薄壁组织放大镜下明显，傍管状及细线状。木射线细，放大镜下可见。轴向树胶道肉眼下可见，呈白色长弦带，沿生长轮排列，纵切面上呈白色长条纹。

左
海南坡垒
宏观横切面

右
海南坡垒
实木

木材微观特征 单管孔及2～4个径列复管孔。导管分子单穿孔，管间纹孔式互列。轴向树胶道比管孔小，埋藏于薄壁细胞中，呈长弦带。轴向薄壁组织傍管状及带状。木射线非叠生。单列射线少，多列射线宽2～3细胞，高多4～40细胞。射线组织异形Ⅱ型。

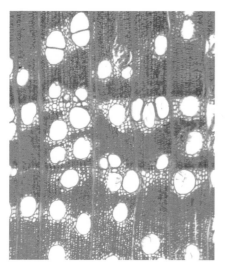
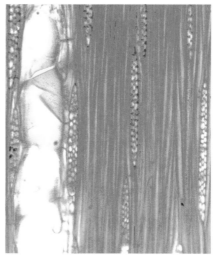

左
海南坡垒
微观横切面

右
海南坡垒
微观弦切面

鉴别要点与相似树种

（1）鉴别要点：心边材区别略明显，心材深黄褐色。生长轮不明显。散孔材；管孔小，单管孔及2～4个径列复管孔。导管分子单穿孔，管间纹孔式互列。轴向树胶道比管孔小，埋藏于薄壁细胞中，呈长弦带。轴向薄壁组织傍管状及带状。木射线非叠生。单列射线少，多列射线宽2～3细胞，高多4～40细胞。射线组织异形Ⅱ型。

（2）相似树种：狭叶坡垒*Hopea chinensis* Hand.- Mazz.。

龙脑香科坡垒属。国家二级重点保护野生植物。别名：华南坡垒、坡垒、石樟公、万年木。常绿乔木，树高达20m，胸径达60cm。主产广西、云南等省区。越南亦产。

心边材区别明显，心材深黄褐色，边材浅黄褐色。生长轮略明显；散孔材；单管孔。导管分子单穿孔，管间纹孔式互列。轴向薄壁组织星散-聚合状及翼状，傍管带状宽4～10细胞。轴向树胶道比管孔小，埋藏于薄壁细胞中，散布或短弦带状。木射线非叠生；单列射线较少；多列射线宽2～5细胞，高10～25细胞；具鞘细胞。射线组织异形Ⅱ型。射线细胞内部分含树胶，晶体丰富。

海南坡垒与狭叶坡垒的区别是：海南坡垒木射线不具鞘细胞；狭叶坡垒木射线具鞘细胞。其余特征十分相似，需注意仔细鉴别。

濒危与珍贵
木材鉴别

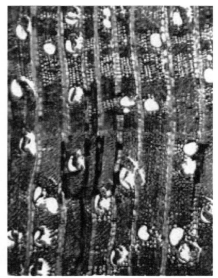

左
狭叶坡垒
宏观横切面

右
狭叶坡垒
微观横切面

材性及用途　气干密度0.85～0.89g/cm³。淡黄色树脂可供药用，也可用作油漆原料。纹理交错，结构致密、均匀，甚重，甚硬，干缩甚大，强度甚高。材色美观，切面具有油润光泽，耐水浸，耐日晒，不受虫蛀。坡垒是我国珍贵用材之一，为有名的高强度建筑用材。海南坡垒经久耐用，为海南树种之冠，可作为造船、桥梁、高档家具、实木地板等用材。

2.98　红娑罗双 *Shorea guiso* Bl.

英文名称　Red balau。

商品名或别名　红梢，红柳桉，深红把麻，沉水稍。

科属名称　龙脑香科，娑罗双属。

树木性状及产地　常绿大乔木，树高达60m，胸径达1.8m。主产柬埔寨、老挝、泰国、马来西亚、印度尼西亚、文莱等东南亚热带国家。

珍贵等级　二类木材。

市场参考价格　4 000～5 000元/m³。

木文化　本类系红色质重的娑罗双类木材，比深红类、浅红类木材都重，分巴劳重红娑罗双、沙捞越重红娑罗双和暹罗重红娑罗双三类。马来西亚等地华人称之为湿杪、基造杪。

木材宏观特征　心边材区别略明显，心材红至深红褐色，边材桃红色。生长轮明显。散孔材；管孔肉眼下明显。轴向薄壁组织环管束状、翼状。结构略粗。轴向树胶道可见，在肉眼下呈白点状，长弦列。

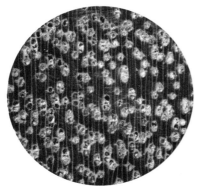

左
红娑罗双
宏观横切面

右
红娑罗双
实木

木材微观特征　单管孔及2～3个径列复管孔。导管分子单穿孔，管间纹孔式互列。轴向树胶道比管孔小，埋藏于薄壁细胞中，呈长弦列。轴向薄壁组织环管束状、翼状及星散-聚合状。木射线非叠生或局部叠生；单列射线少，多列射线宽2～5细胞，高9～79（多20～50）细胞。射线组织异形Ⅱ型及Ⅲ型。

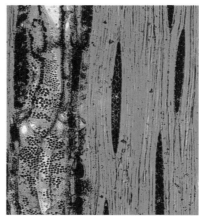

左
红娑罗双
微观横切面

右
红娑罗双
微观弦切面

鉴别要点与相似树种

（1）鉴别要点：心边材区别略明显，心材红至深红褐色。散孔材；

濒危与珍贵
木材鉴别

管孔肉眼下明显；单管孔及2～3个径列复管孔。轴向树胶道可见，在肉眼下呈白点状，长弦列。轴向薄壁组织环管束状、翼状及星散-聚合状。木射线非叠生或局部叠生；单列射线少，多列射线宽2～5细胞，高多20～50细胞。射线组织异形Ⅱ型及Ⅲ型。

（2）相似树种：星芒赛罗双 *Elmerrillia papauana* Kurz。

龙脑香科赛罗双属。乔木，树高达35m，胸径达1m。主产柬埔寨、老挝、泰国、越南、马来西亚等东南亚热带国家。

心边材区别略明显，心材稻草黄色或深褐色。散孔材；管孔内含丰富侵填体。单管孔，少数2～3个径列复管孔。导管分子单穿孔，管间纹孔互列。轴向薄壁组织稀疏环管状及星散-聚合状。木射线非叠生；单列射线极少；多列射线宽2～5细胞，高多9～30细胞。射线组织同形多列、异形Ⅲ型。正常轴向树胶道比管孔小，埋藏于薄壁细胞中，呈星散或弦列状。

红娑罗双与星芒赛罗双的区别如下。红娑罗双心材红至深红褐色；星芒赛罗双心材稻草黄色或深褐色。红娑罗双管孔内侵填体不丰富；星芒赛罗双管孔内含丰富侵填体。其余特征十分相似，需注意仔细鉴别。

左
星芒赛罗双
宏观横切面

中
星芒赛罗双
微观横切面

右
星芒赛罗双
微观弦切面

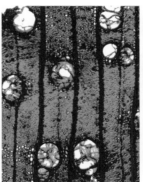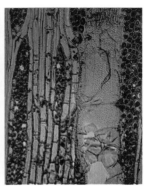

材性及用途 气干密度0.85～0.89g/cm³。光泽弱，具腊质感，纹理深交错，结构粗，质重硬，干缩大，加工较难，略耐腐。宜作为承重家装、承重地板用材，经防腐处理可用作造船、桥梁、码头设施、枕木、电杆等用材。

2.99　芳味冰片香 *Dryobalanops aromatic*

英文名称　Kapur。

商品名或别名　山樟，婆罗洲柚木。

科属名称　龙脑香科，冰片香属。

树木性状及产地　大乔木，树高达60m，胸径达1m。主产印度尼西亚、马来西亚、文莱等东南亚热带国家。

珍贵等级　二类木材。

市场参考价格　3 500～4 500元/m³。

木文化　天然冰片产自冰片香属树种，可用以制香料、药物、仿制品象牙、有机化学品合成樟脑，木材用水蒸馏可得卡普油供制肥皂和香料之用。芳味冰片香是生产中药冰片的唯一树种。

木材宏观特征　心边材区别明显，心材新切面红或深红色，久则为红褐色；边材黄褐色。生长轮不明显。散孔材；管孔肉眼下可见；侵填体丰富。轴向薄壁组织放大镜下可见，环管束状或近翼状。木射线肉眼下可见。轴向树胶道肉眼下明显，长弦裂或白色点状。新鲜材有樟脑的气味。

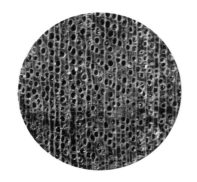

左
芳味冰片香
宏观横切面

右
芳味冰片香
实木

木材微观特征　单管孔。导管内侵填体丰富。导管分子单穿孔，管间纹孔式互列。轴向薄壁组织环管束状至翼状，少数星散状、离管带状。木射线非叠生。单列射线少；多列射线宽2～5细胞，高4～77（多25～70）细胞。射线组织异Ⅱ型，少数异形Ⅲ型。射线具鞘细胞。射线含丰富树胶和硅石。

濒危与珍贵
木材鉴别

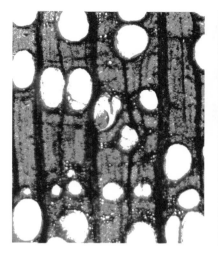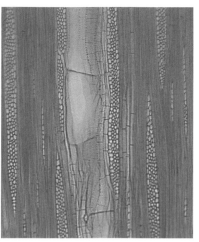

左
芳味冰片香
微观横切面

右
芳味冰片香
微观弦切面

鉴别要点与相似树种

（1）鉴别要点：心材新切面红或深红色，久则为红褐色。新鲜材有似樟脑的气味。管孔内侵填体丰富。轴向树胶道肉眼下明显，长弦裂或白色点状。轴向薄壁组织环管束状至翼状，少数星散状、离管带状。木射线非叠生。射线组织异Ⅱ型，少数异形Ⅲ型。射线具鞘细胞。射线含丰富树胶和硅石。

（2）相似树种：杯裂香 *Cotylelobium* spp.。

龙脑香科杯裂香属。大乔木，树高达35m，胸径达60cm。主产马来西亚、印度尼西亚、斯里兰卡、泰国等热带国家。

心边材区别不明显，心材黄褐色，久则转深为灰褐色。散孔材；管孔内含大量树胶。单管孔，少数2～3个径列复管孔。导管分子单穿孔，管间纹孔式互列。轴向薄壁组织环管束状、近翼状，薄壁细胞含分室含晶体，菱形晶体达20个以上。木射线非叠生；单列射线少，多列宽5～8细胞，高15～26细胞。同一射线有时出现2次多列部分。射线组织同形单列及多列，稀异形Ⅱ、Ⅲ型。

芳味冰片香与杯裂香的区别如下。芳味冰片香心材新切面红或深红色，久则为红褐色；杯裂香心材黄褐色，久则转深为灰褐色。芳味冰片香新鲜材有似樟脑的气味；杯裂香新鲜材无似樟脑的气味。芳味冰片香射线具鞘细胞；杯裂香射线无鞘细胞。其余特征十分相似，需注意仔细鉴别。

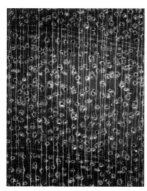 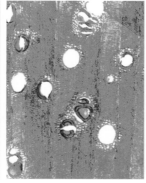 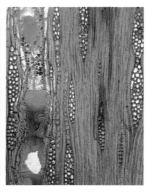

材性及用途　气干密度0.78～0.80g/cm³。具光泽，纹理交错，结构略粗，质重硬，强度高，干缩较大。宜用作地板、家具、包装箱、细木工板、重型工程、建筑用材、船龙骨、枕木等。木材可提炼天然冰片，也是合成樟脑的原料。

2.100　翼红铁木 *Lophira alata* Banks ex Gaertn.

英文名称　Red Ironwood。

商品名或别名　红铁木，金莲木，金丝红檀，非洲坤甸木。

科属名称　金莲木科，红铁木属。

树木性状及产地　大乔木，树高达50m，胸径达1.5m。主产塞拉利昂、尼日利亚、喀麦隆等非洲热带国家。

珍贵等级　一类木材。

市场参考价格　4 500～6 000元/m³。

木文化　红铁木导管中常含有白色沉积物，甚耐腐、抗白蚁和蠹虫危害，是西非著名的耐久性木材。据西欧国家报道，未经防腐处理的翼红铁木耐久寿命长达20年。

木材宏观特征　心边材区别明显，心材红褐色至暗褐色，边材粉白色。生长轮不明显。散孔材；管孔肉眼下明显；管孔内富含白色沉积物。轴向薄壁组织放大镜下离管细线状。木射线放大镜下明显。木材纹理直至斜，结构中。

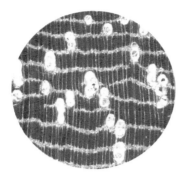

木材微观特征 单管孔和2～4个径列复管孔。导管分子单穿孔，管间纹孔式互列。轴向薄壁组织离管带状，带宽2～4细胞。木射线非叠生。单列射线少；多列射线宽2～4细胞，高7～26细胞。射线组织同形单列及多列，稀异形Ⅲ型。射线含丰富树胶，菱形晶体常见。

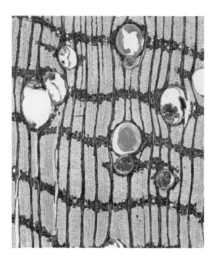
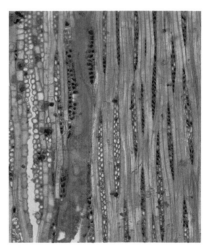

鉴别要点与相似树种

（1）鉴别要点：心边材区别明显，心材红褐色至暗褐色。管孔内富含白色沉积物。轴向薄壁组织离管带状。木射线非叠生。单列射线少；多列射线宽2～4细胞。射线组织同形单列及多列，稀异形Ⅲ型。射线含丰富树胶。

（2）相似树种：大甘巴豆 *Koompassia excelsa*(Becc.)Taub.。

苏木科甘巴豆属。大乔木，树高达54m，胸径达1.2m。主产泰国、马来西亚、菲律宾等东南亚热带国家。

心边材区别明显，心材暗红色，久转巧克力褐色。散孔材；单管孔及2～3个径列复管孔。导管分子单穿孔，管间纹孔式互列。轴向薄壁组织翼状、聚翼状及傍管带状，宽3～5细胞，分室含晶体细胞可见，菱形晶体7个以上。木射线非叠生。单列射线高3～6细胞；多列射线宽2～5（多数3～4）细胞，高18～28细胞。射线组织异形Ⅲ型，稀异形Ⅱ型。射线细胞部分含树胶。

翼红铁木与大甘巴豆的区别如下。翼红铁木心材红褐色至暗褐色；大甘巴豆心材橘红褐色。翼红铁木管孔内富含白色沉积物；大甘巴豆管孔内无白色沉积物。翼红铁木轴向薄壁组织离管带状；大甘巴豆轴向薄壁组织翼状、聚翼状及傍管带状。翼红铁木射线组织同形单列及多列，稀异形Ⅲ型；大甘巴豆射线组织异形Ⅲ型或异形Ⅱ型。其余特征十分相似，注意仔细鉴别。

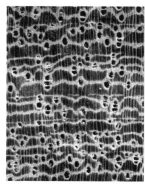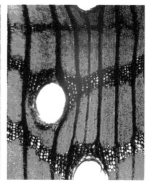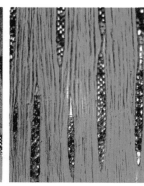

左
大甘巴豆
宏观横切面

中
大甘巴豆
微观横切面

右
大甘巴豆
微观弦切面

材性及用途　气干密度1.04～1.09g/cm³。具光泽，甚重硬，强度高，干缩大。加工困难，钉钉须先打孔；胶黏、表面装饰、刨光性能良好。具抗酸性。宜作为实木地板、高档家具、室内装饰、楼梯扶手等用材。

濒危与珍贵
木材鉴别

参考文献

[1]徐峰，刘红青等．木材比较鉴定图谱[M]．北京：化学工业出版社，2016．

[2]徐峰等．木材鉴定图谱[M]．北京：化学工业出版社，2008．

[3]徐峰，黄善忠等．热带亚热带优良珍贵木材彩色图鉴[M]．南宁：广西科学技术出版社，2009．

[4]海凌超，徐峰等．红木与名贵硬木家具用材鉴赏．第2版[M]．北京：化学工业出版社，2016．

[5]黄向党，徐峰，李英健等．海南木三香[M]．北京：化学工业出版社，2021．

[6]殷亚方，姜笑梅，徐峰等．濒危和珍贵热带木材识别图鉴[M]．北京：科学出版社，2015．

[7]成俊卿，杨家驹，刘鹏．中国木材志[M]．北京：中国林业出版社，1992．

[8]刘鹏，杨家驹，卢鸿俊．东南亚热带木材．第2版[M]．北京：中国林业出版社，2008．

[9]刘鹏，姜笑梅，张立非．非洲热带木材．第2版[M]．北京：中国林业出版社，2008．

[10]姜笑梅，张立非，刘鹏．拉丁美洲热带木材．第2版[M]．北京：中国林业出版社，2008．

[11]刘鹏．中国现代红木家具[M]．北京：中国林业出版社，2004．

[12]谢福惠，徐峰，祝俊新，李重九．木材树种识别、材性及用途[M]．北京：学术书刊出版社，1990.

[13]徐峰，容锡业，王祖秀等．中国及东南亚商用木材1000种构造图像查询系统[M]．南宁：金海湾音像出版社，1998.

[14]广西壮族自治区林业科学研究院．广西树木志：第一卷[M]．北京：中国林业出版社，2012.

[15]广西壮族自治区林业科学研究院．广西树木志：第二卷[M]．北京：中国林业出版社，2014.

[16]广西壮族自治区林业科学研究院．广西树木志：第三卷[M]．北京：中国林业出版社，2015.

[17]杨家驹，段新芳．世界商品木材拉汉英名称[M]．北京：中国林业出版社，2000.

[18]GB/T 29894—2013 木材鉴别方法通则[S].

[19]GB/T 18513—2001 中国主要进口木材名称[S].

[20]GB/T 16734—1997 中国主要木材名称[S].

[21]GB/T 18107—2017 红木[S].